T0280569

Entwicklung neuer Ansätze zum nachhaltigen Planen und Bauen

Deutschland hat sich zum Ziel gesetzt, dass bis zur Mitte des 21. Jh. der Gebäudebestand, der durch Herstellung und Nutzung für einen Großteil aller Treibhausgasemissionen ursächlich ist, nahezu klimaneutral sein soll. Aber auch die Schonung vorhandener Ressourcen, das Schaffen einer circular economy und die Verankerung der Prinzipien Effizienz, Konsistenz und Suffizienz beim Planen, Errichten, Nutzen und Zurückbauen unserer bebauten Umwelt sind der Anspruch, dem die Akteure des Bauwesens gerecht werden müssen.

Wichtige Projektentscheidungen werden häufig nicht auf Basis der zu erwartenden Nachhaltigkeit getroffen, sondern zumeist auf Basis ökonomischer Gesichtspunkte (Herstellkosten). Es gilt, alle Beteiligten zu sensibilisieren, dass das in der Herstellung günstigste Bauwerk selten das wirtschaftlichste oder gar nachhaltigste ist, betrachtet man den gesamten Lebenszyklus. Es ist also sinnvoll, die Nachhaltigkeit von Bauwerken nicht nur zu dokumentieren, sondern wichtige Entscheidungen auf Basis der Nachhaltigkeit zu treffen.

Diese Buchreihe möchte neue Erkenntnisse der angewandten Wissenschaften und Praxis vorgestellt, die dazu beitragen sollen, Veränderungen im Markt aufzuzeigen und zu begleiten, hin zu einer nachhaltigen Bauwirtschaft.

Julian Bär

Aufbau eines umfassenden Risikomanagements

Im Kontext einer
Konzernstrukturveränderung

Julian Bär
Lengede, Deutschland

ISSN 2948-1007   ISSN 2948-1015 (electronic)
Entwicklung neuer Ansätze zum nachhaltigen Planen und Bauen
ISBN 978-3-658-40992-0   ISBN 978-3-658-40993-7 (eBook)
https://doi.org/10.1007/978-3-658-40993-7

Die Deutsche Nationalbibliothek verzeichnet diese Publikation in der Deutschen Nationalbibliografie; detaillierte
bibliografische Daten sind im Internet über http://dnb.d-nb.de abrufbar.

© Der/die Herausgeber bzw. der/die Autor(en), exklusiv lizenziert an Springer Fachmedien Wiesbaden GmbH,
ein Teil von Springer Nature 2023
Das Werk einschließlich aller seiner Teile ist urheberrechtlich geschützt. Jede Verwertung, die nicht ausdrücklich
vom Urheberrechtsgesetz zugelassen ist, bedarf der vorherigen Zustimmung des Verlags. Das gilt insbesondere für
Vervielfältigungen, Bearbeitungen, Übersetzungen, Mikroverfilmungen und die Einspeicherung und Verarbeitung
in elektronischen Systemen.
Die Wiedergabe von allgemein beschreibenden Bezeichnungen, Marken, Unternehmensnamen etc. in diesem
Werk bedeutet nicht, dass diese frei durch jedermann benutzt werden dürfen. Die Berechtigung zur Benutzung
unterliegt, auch ohne gesonderten Hinweis hierzu, den Regeln des Markenrechts. Die Rechte des jeweiligen
Zeicheninhabers sind zu beachten.
Der Verlag, die Autoren und die Herausgeber gehen davon aus, dass die Angaben und Informationen in diesem
Werk zum Zeitpunkt der Veröffentlichung vollständig und korrekt sind. Weder der Verlag, noch die Autoren
oder die Herausgeber übernehmen, ausdrücklich oder implizit, Gewähr für den Inhalt des Werkes, etwaige Fehler
oder Äußerungen. Der Verlag bleibt im Hinblick auf geografische Zuordnungen und Gebietsbezeichnungen in
veröffentlichten Karten und Institutionsadressen neutral.

Planung/Lektorat: Ralf Harms
Springer Vieweg ist ein Imprint der eingetragenen Gesellschaft Springer Fachmedien Wiesbaden GmbH und ist
ein Teil von Springer Nature.
Die Anschrift der Gesellschaft ist: Abraham-Lincoln-Str. 46, 65189 Wiesbaden, Germany

Geleitwort

Die Ausarbeitung von Herrn Julian Bär zum umfassenden Risikomanagement inspiriert zu einer neuen Sicht auf diese Managementkompetenz. Der beschriebene Facettenreichtum und ein darauf abgestimmtes interdisziplinäres Konzept lösen bisherige Ansätze der Einzelbetrachtung ab und werden somit der Komplexität des Projektgeschäfts gerecht. Das entwickelte Konzept zeichnet sich trotz seines umfassenden Anspruchs durch eine klare Struktur und eine in der Praxis umsetzbare Systematik aus. Diese projektorientierte Sichtweise des Risikomanagements gilt es zukünftig in der Baubranche zu adaptieren.

Stuttgart   Dipl.-Betriebswirt (FH) Hartmut Arnold
Dezember 2022

Vorwort des Herausgebers

Die Bauwirtschaft steht vor einem Wandel, der angesichts der großen gesellschaftlichen Herausforderungen auch zwingend erforderlich ist. Laut aktuellen Studien sind die Phasen Herstellung, Errichtung, Modernisierung und Nutzung der Wohn- und Nichtwohngebäude insgesamt für ca. 40 % aller CO_2-Emissionen in Deutschland verantwortlich. Außerdem verbraucht die Bauwirtschaft in Deutschland branchenübergreifend betrachtet die meisten Rohstoffe und verursacht später mit mehr als 50 % den mit Abstand größten Teil des Abfallaufkommens. Außerdem verursacht die Entwicklung neuer Siedlungs- und Verkehrsflächen aktuell täglich einen Flächenverbrauch in Höhe von mehr als 50 Hektar. Diese Liste könnte endlos weitergeführt werden. Aus diesem Grund kommt die Bauwirtschaft auch nicht mehr um das nachhaltige Bauen herum und ist stattdessen besonders in der Pflicht, ihre Produkte und die dafür notwendigen Prozesse ständig zu verbessern. Die Buchreihe *Entwicklung neuer Ansätze zum nachhaltigen Planen und Bauen* möchte die erforderliche Transformation der Bauwirtschaft mit neuen Ideen, Ansätzen und Methoden unterstützen. Ein besonderes Merkmal der Buchreihe ist, dass die Autoren der einzelnen Bände an der Dualen Hochschule Baden-Württemberg (DHBW) Mosbach studiert haben. Die Autoren verfügten also bereits zum Zeitpunkt der Erstellung ihrer wissenschaftlichen Arbeiten, die die Grundlage für diese Buchreihe bilden, nicht nur über theoretisches Wissen, sondern bereits auch schon über eine mehrjährige und einschlägige Berufserfahrung. Die wissenschaftlichen Arbeiten sind also stets vor dem Hintergrund eines tatsächlichen Nutzens und der Anwendung durch die jeweiligen dualen Partnerunternehmen entstanden. Dadurch sind die in den Arbeiten entwickelten Methoden und Inhalte nicht nur praxisrelevant, sondern immer auch für eine reale Anwendung konzipiert. Thematisch fokussiert sich die Buchreihe auf den Bereich des nachhaltigen Planens und Bauens. Einen ganzheitlichen Ansatz verfolgend sind hierbei alle Lebenszyklusphasen von Gebäuden inbegriffen, also von der frühen Projektentwicklungsphase im engeren Sinne bis zum Rückbau und der anschließenden Wiederverwendung oder Entsorgung. Dabei kann es auch immer wieder zu Berührungspunkten mit anderen Bereichen kommen, zum Beispiel mit dem Projektmanagement, Lean Construction oder auch Building Information Modeling (BIM).

Der vorliegende Band aus der Reihe *Entwicklung neuer Ansätze zum nachhaltigen Planen und Bauen* beschreibt ein umfassendes Konzept für den Neuaufbau oder die Umstrukturierung des Risikomanagements eines Unternehmens, beispielsweise im Rahmen einer Konzernstrukturveränderung. Das Konzept wird zunächst konkret für ein Unternehmen der Bauindustrie entwickelt, die grundlegenden Inhalte und Methoden sind aber auch auf Unternehmen aus anderen Branchen übertragbar. Dabei wird ein umfassender Ansatz verfolgt, da das Risikomanagement nicht nur aus einer kaufmännischen Sichtweise entwickelt wird, sondern auch die Unternehmenskultur und strategische Entscheidungsprozesse berücksichtigt. Die Bachelorarbeit von Herrn Julian Bär, die die Grundlage für diesen Band darstellt, zeichnet sich insbesondere durch eine sehr umfangreiche und branchenübergreifende Literaturrecherche aus. Die relevante Literatur wird darüber hinaus kritisch reflektiert und strukturiert in die Entwicklung des eigenen Konzeptes einbezogen. Das Ergebnis ist bereits jetzt gut in der Praxis anwendbar, da das Konzept nicht nur aus Einzelbetrachtungen besteht, sondern einen ganzheitlichen Ansatz beschreibt, der das Spannungsfeld zwischen der Kenngrößenermittlung für die Risikoermittlung und den Zwängen, die sich bei unternehmerischen Entscheidungen ergeben, realistisch abbildet.

Vorwort von Prof. Dr.-Ing. Koschlik

Mosbach   Prof. Dr.-Ing. Markus Koschlik
März 2023

Vorwort und Danksagung

Die vorliegende Arbeit entstand als Bachelorthesis im Rahmen meines Studiums der Fachrichtung Bauingenieurwesen-Projektmanagement an der Dualen Hochschule Baden-Württemberg (DHBW) und meiner Beschäftigung bei der Firma ZECH Hochbau AG. Das Studium zeichnete sich durch eine vielschichtige Arbeit an der Schnittstelle Technik, Betriebswirtschaftslehre und Projektmanagement aus. Diese Vielfalt spiegelte sich auch in meiner Arbeitstätigkeit bei der ZECH Hochbau AG wider.

Ein erfolgreicher Abschluss dieser Arbeit und meines gesamten Bachelorstudiums wäre ohne die Unterstützung der Hochschule, meines Arbeitsgebers und meines privaten Umfeldes nicht möglich gewesen.

Aus diesem Grund gilt mein besonderer Dank meinem Hochschulbetreuer und Mitherausgeber dieser Thesis, Herrn Prof. Dr.-Ing. Markus Koschlik, für vielfältige interessante Studieninhalte und seine umfassende Unterstützung und Beratung bei der Erstellung sowie den Vorschlag und die Möglichkeit zur Veröffentlichung meiner Bachelorarbeit.

Ebenfalls gilt ein besonderer Dank meinem betrieblichen Betreuer, Herrn Dipl.-Betriebswirt (FH) Hartmut Arnold, der den Grundstein zur Zusammenarbeit im Risikomanagement und der Aufgabenstellung dieser Arbeit bereits im Februar 2022 legte. Herr Arnold wie auch Herr Dipl.-Ing. (FH) Oliver Braitmaier unterstützten mich mit ihrer außergewöhnlichen und langjährigen Berufserfahrung im Bauprojektgeschäft. Dafür möchte ich Beiden danken.

Der wahrscheinlich wichtigste Dank gebührt meinen Eltern Katja und Uwe Bär für eine einmalige und uneingeschränkte Unterstützung während meines gesamten Studiums und insbesondere bei der Erstellung dieser Arbeit. Die härteste Kritik, der größte Ansporn für kreative Leistungen und die meisten interdisziplinär basierten „think-out-the-box-Lösungen" konnten erst durch diesen Rückhalt wie auch kritischen Diskurs im privaten Umfeld entstehen.

Lengede   Julian Bär
November 2022

Kurzfassung

Das Erkennen und Eingehen von sowie der Umgang mit Risiken sind originäre Aufgaben jeder unternehmerischen Tätigkeit. Diese beeinflussen und sichern einen nachhaltigen Unternehmenserfolg. Das Management von Risiken wird zu einer zentralen Herausforderung der Unternehmensführung, da es das individuelle Verhalten der Unternehmensmitglieder, die interne und externe Risikosphäre, ein know-how-getriebenes Wettbewerbsdenken, die Bedeutung und den Einfluss von Marktkonzentration, gesetzliche Anforderungen, die Diversität von Stakeholderinteressen und betriebswirtschaftliche Erfolgsziele in Einklang bringen muss. Für die Bauwirtschaft ist die Anwendung eines professionalisierten Risikomanagements von besonderem Interesse, da diese Form des Projektgeschäfts neben dem Unikatcharakter eine hohe Kapitalintensität sowie lange Planungs- und Realisierungsdauern aufweist.

Die vorliegende Arbeit betrachtet mit der Entwicklung des Konzepts eines umfassenden Risikomanagements ganzheitlich sämtliche Ziele, Aufgaben und Herausforderungen im Umgang mit Risiken eines Unternehmens. Dabei werden alle Unternehmensmitglieder zu einem risikobewussten unternehmerischen Denken und Handeln sensibilisiert, motiviert und verpflichtet. Dieses umfassende Risikomanagement ist neben einer einheitlichen Struktur, einer weitreichenden Einbindung zentraler Geschäftsprozesse sowie einer interdisziplinären Expertise, Sichtweise und Zusammenarbeit durch eine darauf abgestimmte holistische Risikokultur gekennzeichnet.

Die zugrunde liegende Systematik des Konzepts baut auf dem Management von Risiken aus dem unternehmensexternen Umfeld auf und definiert anhand von zwei übergeordneten Zielsetzungen die Aufgaben, die Einbindung in die Organisationsstruktur eines Unternehmens bzw. Konzerns, die Kompetenzen sowie die Methoden und Instrumente des umfassenden Risikomanagements. Das Konzept eignet sich für einen Aufbau, eine Neustrukturierung oder eine grundlegende Anpassung von Risikomanagementsystemen in projektorientierten Unternehmen. Es zeichnet sich durch eine zielgerichtete und übersichtliche Struktur aus und ermöglicht durch an Projekten und Unternehmenseinheiten ausgerichtete Prozesse eine flexible Anpassung an Unternehmens- bzw. Konzernstrukturen.

Im Fokus steht die Wahrnehmung und Handhabung von Risiken in komplexen Entscheidungssituationen. Dabei wurde eine Methodik entwickelt, die Einflüsse auf, Verzerrungen von und Abweichungen zu einer rationalen Vorgehensweise beteiligter Parteien in zentralen Geschäftsentscheidungen identifiziert und berücksichtigt. Anhand einer strukturierten Informations- und Datensammlung aus verschiedenen Managementdisziplinen (z. B. Controlling, Qualitätsmanagement, Risikomanagement, etc.) sowie einer zur Analyse und Beurteilung der Ergebnisse geeigneten Dokumentation bildet sie die Grundlage für risikobewusste und rational orientierte Entscheidungen.

Diese Methodik und Dokumentation wurde für die Entscheidungssituation der Projektakquise im Bauprojektgeschäft entwickelt und strukturiert damit eine zentrale Herausforderung des Risikomanagements im Projektneugeschäft. Aufgrund der interdisziplinären Orientierung und Berücksichtigung zentraler kognitionspsychologischer Faktoren ist eine Übertragung beispielsweise auch auf Entscheidungssituationen in Projekten der Produktentwicklung der stationären Industrie oder in Mergers and Acquisitions-Prozesse möglich.

Inhaltsverzeichnis

Abkürzungsverzeichnis[1]

AktG	Aktiengesetz
BGF	Bruttogrundfläche
BilMoG	Bilanzrechtsmodernisierungsgesetz
BilReG	Bilanzrechtsreformgesetz
DIN	Deutsches Institut für Normung
EN	Europäische Norm
HGB	Handelsgesetzbuch
Inc.	Incorporated
ISO	International Organization for Standardization
KonTraG	Gesetz zur Kontrolle und Transparenz im Unternehmensbereich
KPI(s)	Key Performance Indicator(s)
MaRisk	Mindestanforderungen an das Risikomanagement für Kreditinstitute
bzw.	beziehungsweise
et al.	et aliae
etc.	et cetera
ggf.	gegebenenfalls
i.d.R.	in der Regel
s.	siehe
u. a.	unter anderem
z. B.	zum Beispiel

---

[1] In dieser Arbeit werden die folgenden Abkürzungen verwendet:

Abbildungsverzeichnis

Tabellenverzeichnis

Einleitung

1.1 Veranlassung

Das Erkennen von und der Umgang mit Risiken ist eine ureigene Aufgabe unternehmerischen Denkens und Handelns. Risiken können zum einen Gefahren bis hin zur Gefährdung des Unternehmensfortbestands sein und zum anderen Chancen für einen nachhaltigen Unternehmenserfolg bieten (Gleißner 2011). In der Praxis zeigt sich in Unternehmen eine unterschiedliche Etablierung des Managements von Risiken; das Spektrum reicht von einer einfachen Berücksichtigung des Risikos in der Preiskalkulation bis zu Unternehmen, die das Risikomanagement als ihre wesentliche Fachkompetenz und ihre Stärke am Markt definieren. Letztere Aspekte sind vor allem in Unternehmen der Kredit- und Finanzwirtschaft bzw. der Versicherungsbranche zu finden, bei denen die BlackRock Inc. als größter Vermögensverwalter der Welt den Spitzenbereich im strukturierten Risikomanagement abbildet (Busch 2005; Coveyduc und Anderson 2020). Entscheidend für diese Form des Risikomanagements ist die Auswertung unzähliger Datenmengen mithilfe von künstlicher Intelligenz. Jedoch erfordert das Risikomanagement in komplexen Entscheidungssituationen das unternehmerische Denken und Handeln von menschlichen Verantwortungsträgern (Ehrbar 2017). Eine so unterschiedliche Handhabung verwundert, wenn man bedenkt, dass die *„Risikosituation vieler Unternehmen durch Entwicklungen wie die Globalisierung, die Internationalisierung der Kapitalmärkte, das Technologie- und Informationszeitalter und das Bestreben nach Nachhaltigkeit komplexer"* noch nie war (Diederichs 2018). Ein weiterer entscheidender Faktor für die Risikosituation stellen Veränderungen in der Unternehmensstruktur dar, die in ihrem Grundsatz einer eigenen zyklischen Konjunkturdynamik unterworfen sind, doch auch aufgrund der genannten Entwicklungen *„in den letzten zwanzig Jahren stark an Bedeutung"* gewonnen haben (Jansen 2016).

© Der/die Autor(en), exklusiv lizenziert an Springer Fachmedien Wiesbaden GmbH, ein Teil von Springer Nature 2023
J. Bär, *Aufbau eines umfassenden Risikomanagements*, Entwicklung neuer Ansätze zum nachhaltigen Planen und Bauen, https://doi.org/10.1007/978-3-658-40993-7_1

Die aus Konzernstrukturveränderungen erwachsenden Herausforderungen sind vielfältig und stark abhängig von der Dimension der Veränderung. Handelt es sich um die Erweiterung eines Konzerns, besteht die Notwendigkeit, die interne Aufbau- und Ablauforganisation an den neuen Kontext anzupassen, wobei der Abbau von Doppelstrukturen und -positionen (sog. Synergieeffekte) wie auch der Aufbau neuer Systeme, Abläufe und Organisationseinheiten erforderlich sein kann. Während bis zu einer bestimmten Unternehmensgröße Aufgaben, wie z. B. das Risikomanagement, direkt bei der Geschäftsführung angesiedelt sind, ist ab einer bestimmten Größenordnung die tiefergehende Systematisierung dieser Aufgaben und Übertragung an spezialisierte Organisationseinheiten sinnvoll. Dieses ergibt sich zum einen aus der Notwendigkeit der Sicherung eines nachhaltigen Unternehmenserfolgs, zum anderen sind gesetzliche Vorschriften und Regularien zu berücksichtigen.

Ein weiterer wesentlicher Faktor bei Konzernerweiterungen ist die Betrachtung der Unternehmenskultur, weil sie *„elementaren"* Einfluss auf Unternehmensgeschehen, Führungsverhalten, Entscheidungsfindung, Informations- und Kommunikationswesen sowie Akzeptanz und Umsetzung von Managementsystemen nimmt (Hoitsch et al. 2005). Aus ihr ergeben sich Organisationskultur, Führungskultur, Fehlerkultur und Risikokultur eines Unternehmens.

Gerade die Risikokultur ist für ein Unternehmen der Baubranche von besonderer Bedeutung, denn kaum eine Branche zeichnet sich durch vielfältigere Risiken aus (Hoffmann 2017). Beispiele wie die als *„Holzmann-Krise"* bekannt gewordene Insolvenz des Baukonzerns Phillipp Holzmann AG im Jahr 2002 oder die Insolvenz der Walter Bau AG im Jahr 2005 verdeutlichen insbesondere die Risikosphäre des Projektgeschäfts in der Bauwirtschaft (Busch 2005; Huch und Tecklenburg 2001). Seit 2010 waren Insolvenzen im Baugewerbe parallel zur Entwicklung aller Unternehmensinsolvenzen in Deutschland stetig zurückgegangen (Statista 2020). Dieser Trend änderte sich im Geschäftsjahr 2021, als das Baugewerbe mit einem Anstieg von ca. 20 % im Vergleich zum Vorjahr den größten Anstieg seit 20 Jahren verzeichnete (Managermagazin 2022).

Berücksichtigt man den in weiten Teilen der Bauwirtschaft im Vergleich zum Bank- und Versicherungsbereich unzureichenden Stand von Risikomanagementkonzepten (Busch 2005), stellt sich die Einführung eines ganzheitlichen und tiefgreifenden Risikomanagementansatzes für einen Konzern im Bauprojektgeschäft als absolute Notwendigkeit dar.

Diese Arbeit stellt in Form des „umfassenden Risikomanagements" ein selbst entwickeltes Managementkonzept zur erfolgreichen Begegnung der Herausforderungen eines projektorientierten Unternehmens vor. Im Einzelnen sollen die im folgenden Kapitel genannten Ziele erreicht werden.

1.2 Zielsetzung

Ein nachhaltiger Unternehmenserfolg für einen Baukonzern, gerade auch im Kontext einer Erweiterung, kann nur durch ein Risikomanagement mit ganzheitlichen Ansätzen, weitreichenden Strukturen, breiter Akzeptanz und kontinuierlicher Weiterentwicklung erzielt werden. Daraus ergibt sich die Notwendigkeit eines systematisierten Managements von strategischen und operativen Gefahren und Chancen. Im Rahmen dieser Bachelorthesis sollen folgende Teilziele zum Aufbau eines umfassenden Risikomanagements erarbeitet werden.

1. Entwicklung einer eigenständigen Definition für ein umfassendes Risikomanagement als Basis für die Einrichtung eines Risikomanagementsystems in einem Baukonzern.
2. Erarbeitung von Zielen, Aufgabenstellungen, Position innerhalb der Unternehmenshierarchie, Definition von erforderlichen Kompetenzen sowie Betrachtung von erforderlichen Methoden und Instrumenten für ein umfassendes Risikomanagement.
3. Ausarbeitung eines strukturierten Freigabeprozesses für das Projektneugeschäft. Einleitende Betrachtung des Spannungsfeldes der Projektakquise bestehend aus unterschiedlichen Perspektiven, Zielsetzungen, Interessen und Zwängen der beteiligten Parteien. Analyse unternehmenskultureller Aspekte als Voraussetzung für eine erfolgreiche Ergebniserzielung in Entscheidungssituationen der Projektakquise.
4. Für den zentralen Teilprozess des Projektneugeschäfts wird eine konkrete Freigabemethodik und -beschlussfassung entworfen, die den Anforderungen der vorher erarbeiteten Gesichtspunkte gerecht werden und eine praxisgerechte Umsetzung des Risikomanagementprozesses für das Projektneugeschäft ermöglichen soll.

1.3 Abgrenzung

Diese Arbeit stellt ein selbst entwickeltes Konzept für den Aufbau eines Risikomanagements vor. Zielsetzung ist es nicht, ein Risikomanagementsystem für die erfolgreiche Abwicklung von Mergers and Acquisitions-Prozessen zu entwickeln, sondern eine geeignete Strukturierung des Risikomanagements des Kerngeschäfts im Kontext dieser Prozesse zu finden. Somit kann dieses Konzept Anwendung für den Neuaufbau oder eine grundlegende Umstrukturierung des Risikomanagements finden, wie es beispielsweise eine Konzernstrukturveränderung erfordern kann. Die konkrete Systematik wird für ein projektorientiertes Unternehmen der Bauindustrie entwickelt, grundlegende Aspekte sind jedoch auch auf Unternehmen in anderen Branchen übertragbar. Die Systematik wird in ihren Zielen, Aufgaben und der Struktur auf das Management von strategischen und operativen Risiken eingehen, jedoch den Bereich Compliance und die daraus resultierenden Risiken nicht berücksichtigen. Ein Risikomanagement für die Arbeitssicherheit wird nicht konkret betrachtet, die u. a. damit zusammenhängende Entwicklung von Notfallplänen bzw.

-abläufen für Abweichungen operativer interner Prozesse ist ebenfalls nicht Bestandteil dieser Arbeit.

Den ersten Teil der Erarbeitung des Konzepts zum umfassenden Risikomanagement stellt das Kap. 4 mit einem Gesamtüberblick dar. Hier werden aus übergeordneter Perspektive das umfassende Risikomanagement kennzeichnende Ziele, Aufgaben, Kompetenzen, Methoden, Instrumente und eine Einbindung in die Organisationsstruktur erarbeitet. Damit skizziert das Kapitel die wesentlichen Eckpunkte einer umfangreichen Systematik und verdeutlicht die zentralen Herausforderungen des Risikomanagements im Bauprojektgeschäft.

Mit dem Kap. 5 erfolgt eine detaillierte Ausarbeitung einer Freigabemethodik und -beschlussfassung für das Projektneugeschäft, analysiert damit detailliert eine zentrale Herausforderung und entwickelt eine geeignete Vorgehensweise hierfür. Im Gegensatz zum Kap. 4 fokussiert dieser Teil auf einen einzelnen Bestandteil des umfassenden Risikomanagements und hat die Entwicklung einer strukturiert dokumentierten Freigabebeschlussfassung zum Ziel.

1.4   Vorgehensweise

Die Vorgehensweise dieser Arbeit visualisiert die folgende Abb. 1.1.

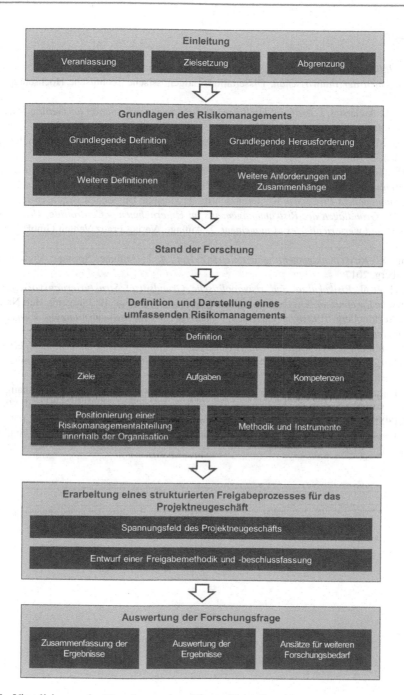

Abb. 1.1 Visualisierung der Vorgehensweise. (Eigene Darstellung)

Literatur

Busch, T. *Holistisches und probabilistisches Risikomanagement-Prozessmodell für projektorientierte Unternehmen der Bauwirtschaft,* Dissertation, Eidgenössische Technische Hochschule Zürich, 2005

Coveyduc, J., Anderson, J. *Artificial Intelligence for Business: A Roadmap for Getting Started with AI,* 1. Auflage, Wiley, Hoboken, 2020

Diederichs, M. *Risikomanagement und Risikocontrolling,* 4. Auflage, Verlag Franz Vahlen GmbH, München, 2018

Ehrbar, H. *Risiken in Planung und Ausführung – Identifikation und Lösungsansätze: Beiträge zum Braunschweiger Baubetriebsseminar vom 17. Februar 2017 – Notwendigkeit zur Etablierung von Risikomanagement-Prozessen,* Konferenzschrift, Technische Universität Braunschweig, 2017

Gleißner, W. *Grundlagen des Risikomanagements im Unternehmen – Controlling, Unternehmensstrategie und wertorientiertes Management,* 2. Auflage, Verlag Franz Vahlen GmbH, München, 2011

Hoffmann, W. *Risikomanagement: Kurzanleitung Heft 4,* 2. Auflage, Springer Vieweg, Berlin, Heidelberg, 2017

Hoitsch, H. et al. *Risikokultur und risikopolitische Grundsätze: Strukturierungsvorschläge und empirische Ergebnisse,* Zeitschrift für Controlling & Management, 49. Jahrgang, Heft Nr. 2, 2005

Huch, B., Tecklenburg, T. *Risikomanagement – Beiträge zur Unternehmensplanung: Risikomanagement in der Bauwirtschaft,* 1. Auflage, Springer Verlag, Berlin, Heidelberg, 2001

Jansen, S. *Mergers & Acquisitions: Unternehmensakquisitionen und -kooperationen. Eine strategische, organisatorische und kapitalmarkttheoretische Einführung,* 6. Auflage, Springer Gabler, Wiesbaden, 2016

Managermagazin. https://www.manager-magazin.de/unternehmen/insolvenzen-im-baugewerbe-warum-es-trotz-boom-in-der-baubranche-eine-pleitewelle-gibt-a-ceb445fb-5c46-4209-9a38-e17 30b7cf300, 23.08.2022

Statista. *Anzahl der Unternehmensinsolvenzen in Deutschland von 1950 bis 2021,* Statistisches Bundesamt, 2020

Grundlagenkapitel

2

In diesem Kapitel werden die Grundlagen des Risikomanagements erarbeitet. Hierfür ist es zunächst notwendig, die Begriffe Risiko, Risikomanagement und Risikomanagementsystem zu definieren. In einem zweiten Schritt soll im Spannungsfeld unternehmerischer Entscheidungsfindung die grundlegende Herausforderung des Risikomanagements beschrieben werden. Anschließend folgen Erläuterungen zu weiteren Anforderungen und Zusammenhängen des Risikomanagements sowie die Definition von Kennzahlen bzw. Indikatoren. Abb. 2.1 stellt die Vorgehensweise für das Grundlagenkapitel dar.

2.1 Risiko, Risikomanagement und Risikomanagementsystem

Risiko

Eine einheitliche Definition des Risikobegriffs hat sich weder in der wissenschaftlichen Literatur noch in der praktischen Anwendung durchgesetzt (Diederichs 2018). Daher werden in dieser Arbeit verschiedene, sich ergänzende Ansätze zur Risikodefinition dargestellt.

Basis für die Betrachtung bilden die Gegensätze Sicherheit und Unsicherheit. Hierbei wird die Unsicherheit als Überbegriff für das Risiko sowie die Ungewissheit verstanden. Das Risiko zeichnet sich gegenüber der Ungewissheit dadurch aus, dass Eintrittswahrscheinlichkeiten für eine Entscheidungsbildung angenommen werden können (Gleißner 2011). Unter Einbeziehung des Gesetzes zur Kontrolle und Transparenz im Unternehmensbereich (KonTraG) und des Bilanzrechtsreformgesetzes (BilReG) definiert *Gleißner* (2011) das Risiko als *„aus der Unvorhersehbarkeit der Zukunft resultierende, durch „zufällige" Störungen verursachte Möglichkeit, von geplanten Zielen abzuweichen."* Diese Zielabweichung kann negativ *(„Gefahren")* und positiv *(„Chancen")* sein.

© Der/die Autor(en), exklusiv lizenziert an Springer Fachmedien Wiesbaden GmbH, ein Teil von Springer Nature 2023
J. Bär, *Aufbau eines umfassenden Risikomanagements*, Entwicklung neuer Ansätze zum nachhaltigen Planen und Bauen, https://doi.org/10.1007/978-3-658-40993-7_2

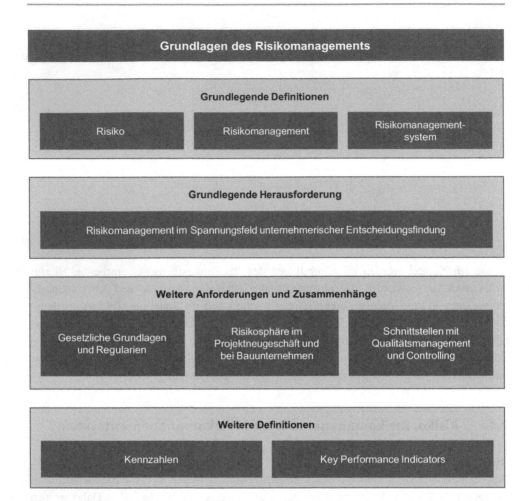

Abb. 2.1 Vorgehensweise Grundlagenkapitel. (Eigene Darstellung)

Zu einer ähnlichen Definition kommt *Diederichs*. Er beschreibt das Risiko als eine mit bestimmter Eintrittswahrscheinlichkeit gekennzeichnete Abweichung eines *„Kennzahlenwertes (oder Ereignisses)"* von einem geplanten *„Kennzahlenwert (oder erwarteten Ereignis)".* Auch hier wird der Risikobegriff als *„ambivalent"* beschrieben, da positive und negative Abweichungen als Risiko bezeichnet werden. (Diederichs 2018).

Für die Risiken im Projektgeschäft gibt die DIN 69901-5:2009-01 (Deutsches Institut für Normung e. V. 2009) eine Definition für Projektrisiken als *„mögliche negative Abweichung im Projektverlauf (relevante Gefahren) gegenüber der Projektplanung durch Eintreten von ungeplanten oder Nicht-Eintreten von geplanten Ereignissen oder Umständen (Risikofaktoren)".* (Hoffmann 2017)

Abb. 2.2 stellt die Unterteilung des Risikobegriffs dar.

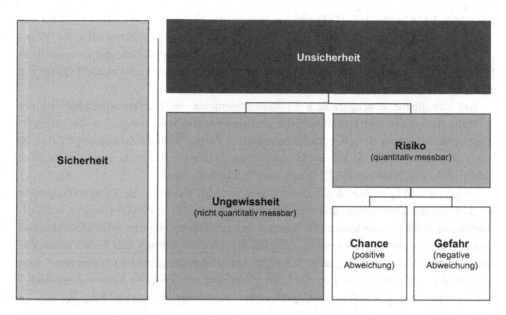

Abb. 2.2 Begriffsabgrenzung Risiko. (Eigene Darstellung in Anlehnung an (Hoffmann 2017))

Risikomanagement

Der Begriff Risikomanagement setzt sich aus dem bereits definierten Begriff des Risikos und dem Begriff Management zusammen. Die DIN EN ISO 9000:2015-11 definiert Management als *„aufeinander abgestimmte Tätigkeiten zum Führen und Steuern einer Organisation"*. Dies beinhaltet das Festlegen von Politiken, Zielen und Prozessen. (Deutsches Institut für Normung e. V. 2015)

Schawel und *Billing* (2018) definieren das Risikomanagement als strukturierte Erfassung, Analyse und Bewertung von unternehmerischen Risiken sowie den Umgang mit diesen durch geeignete Maßnahmen. Dabei können betrachtete Risiken in ihrer Art finanziell, marktbezogen, operational, technologisch, rechtlich sowie personell sein. Im Extremfall können die Risiken eine Gefährdung des Unternehmensfortbestandes verursachen (Insolvenzrisiko).

Drill (2013) beschreibt die Aufteilung des Risikomanagements in das strategische und operative Risikomanagement.

- Strategisches Risikomanagement behandelt Risiken, die sich aus der strategischen Ausrichtung des Unternehmens ergeben (Marktchancen/Stärken/Schwächen)
- Operatives Risikomanagement behandelt Risiken aus dem betrieblichen Leistungserstellungs- und Verwertungsprozess. (Drill 2013)

Laut DIN EN 62198:2014-08 (Deutsches Institut für Normung e. V. 2014) steht für das Risikomanagement von Projekten nicht allein die Problemvermeidung oder die Reaktion darauf im Vordergrund, sondern auch die Identifizierung und Nutzung von günstigen Gelegenheiten. Hier wird die bereits beschriebene Ambivalenz des Risikobegriffs für die Managementtätigkeit erkennbar.

Auf der Ebene des operativen Risikomanagements im Bauprojektgeschäft ist die Aufgabe nach *Huch* und *Tecklenburg* die *„transparente, termin-, kosten-, und kapazitätsorientierte Steuerung der einzelnen Bauprojekte"*. Zu erreichende Zielsetzung hierbei ist *„eine ordnungsgemäße, technisch einwandfreie, terminliche, rechtliche und wirtschaftlich erfolgreiche Projektabwicklung"*. (Huch und Tecklenburg 2001)

Gleißner (2011) ergänzt die bisherigen Definitionen, indem er das Risikomanagement als den Teil der Unternehmensführung beschreibt, der die Nutzung von Chancen zur Zielerreichung durch eine systematische Struktur und den Einsatz abgestimmter Methoden und Instrumente organisiert. Als zentrale Ziele des Risikomanagements sind nach Zusammenfassung durch *Vanini* und *Rieg* eine *„langfristige und nachhaltige Existenzsicherung"*, dass *„Eröffnen von Handlungsspielräumen"*, die *„Sicherung der geplanten Unternehmensziele"* und die *„Senkung der Risiko- und Kapitalkosten"* zu nennen (Vanini und Rieg 2021).

Risikomanagementprozess
Der Risikomanagementprozess stellt die elementare Tätigkeit des Risikomanagements dar. Die DIN EN 62198:2014-08 (Deutsches Institut für Normung e. V. 2014) definiert den Risikomanagementprozess als *„systematische Anwendung von Managementgrundsätzen, -verfahren und -prozessen zur Kommunikation und Konsultation, zum Festlegen des Kontextes sowie zur Identifizierung, Analyse, Bewertung, Steuerung und Bewältigung, Überwachung und Überprüfung von Risiken"*.

Nach ISO 31000:2018-10 (Deutsches Institut für Normung e. V. 2018) ergeben sich für den Risikomanagementprozess folgende Kernprozesse:

1. Risikorahmen festlegen
2. Risikoidentifikation
3. Risikoanalyse
4. Risikobewertung
5. Risikobehandlung
6. Überwachung und Kontrolle
7. Kommunikation und Beratung

Abb. 2.3 stellt die Kernprozesse des Risikomanagementprozesses dar.

Risikomanagementsystem
Gleißner (2011) bezeichnet das Risikomanagementsystem als *„die Gesamtheit aller Aufgaben, Regelungen und Träger des Risikomanagement"*. Es zeichnet sich somit – wie auch

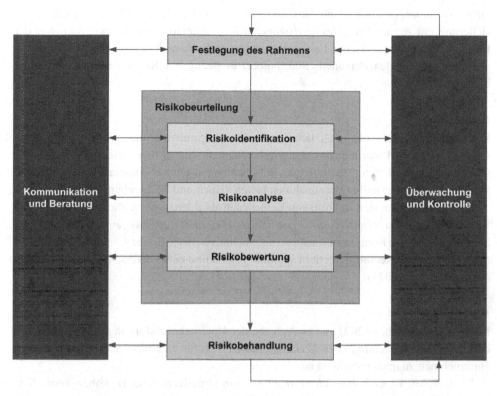

Abb. 2.3 Risikomanagementprozess nach DIN EN ISO 31000. (Eigene Darstellung in Anlehnung an *Hoffmann* (2017))

andere vergleichbare Managementsysteme (z. B. Qualitätsmanagementsystem) – durch eine Strukturierung des iterativen Managementprozesses in den Bereichen Organisation, Politiken, Ziele und Prozesse aus (Hoffmann 2017).

Im Zusammenhang mit dem Risikomanagement und -system stehen die Begriffe Risikomanagementpolitik, Risikoziele und Risikokultur. Ihre Ausgestaltung ist eine zentrale Voraussetzung für die Umsetzung eines funktionsfähigen Risikomanagements. Sie sollen im Folgenden als Grundlage für die spätere Ausarbeitung kurz beschrieben werden.

Risikomanagementpolitik

Risikomanagementpolitik bezeichnet nach DIN EN 62198:2014-08 (Deutsches Institut für Normung e. V. 2014) die *„Darlegung der allgemeinen Absichten und der Ausrichtung einer Organisation im Zusammenhang mit dem Risikomanagement"*. Dieses kann durch risikopolitische Grundsätze des Managements erfolgen, wobei es sich dabei um Leitlinien für das unternehmerische Handeln und Verhalten handelt. Dadurch wird die Festlegung

eines *„Handlungsspielraums für Entscheidungen"* möglich, der zum Zwecke der Bestand-
sicherung ein maximales *„Gesamtrisikopotenzial"* definiert (Diederichs 2018). Bei der
Entwicklung risikopolitischer Leitlinien müssen nach *Hoitsch et al.* (2005) die Interessen aller berechtigten Personen (Stakeholder) in Bezug auf Risikoziele und -verhalten
berücksichtigt werden.

Risikoziele

Die Geschäftsführung hat zusätzlich zur Risikomanagementpolitik *„übergeordnete Risikoziele"* aus der Unternehmensstrategie herzuleiten. Sie sollen Orientierung für von
der Unternehmensleitung zu treffende Entscheidungen zum Risikomanagement und zu
konkreten Risikobehandlungsmaßnahmen bieten. (Huch und Tecklenburg 2001)

Risikoziele lassen sich in Form von Kennzahlen abbilden, *„durch die Ertrag und Risiko
von Entscheidungsalternativen bewertet und gegeneinander abgewogen werden können"*.
Sie müssen in einen Kontext zu sonstigen unternehmerischen *„Haupt-[...]"* und *„Nebenzie-
len"* wie Gewinn, Rentabilität oder Liquidität gesetzt und entsprechend priorisiert werden.
(Vanini und Rieg 2021)

Risikokultur

Nach *Vanini* und *Rieg* (2021) ist es Aufgabe der Unternehmensführung, die Mitarbeitenden *„zu einem risikoadäquaten Verhalten führen"*, wofür eine passende Risikokultur im
Unternehmen zu implementieren ist.

Risikokultur ist nach *Hoitsch et al.* (2005) ein Grundgerüst für risikobezogenes Verhalten und entsteht aus den Leitlinien der Risikomanagementpolitik. Sie ist analog zur
Unternehmenskultur auf der normativen Ebene des Managements angesiedelt und bildet für
den Bereich des Risikomanagement *„die grundlegenden Werte, Normen und Verhaltens-
weisen der Unternehmensmitglieder"*. Ihr kommt eine hohe Bedeutung zu, denn sie nimmt
wie die Unternehmenskultur *„elementaren"* Einfluss auf Handlungen im Unternehmen,
Führungsverhalten, Entscheidungsfindung sowie Akzeptanz und Umsetzung des Risikoma-
nagements. Entscheidend ist die Ausgestaltung einer gelebten Risikokultur auch für einzelne
Bestandteile des Risikomanagementprozesses, wie Risikobewusstsein (s. Prozessschritt 2:
Risikoidentifikation Abb. 2.3) und Kommunikation *„risikorelevanter Sachverhalte"* (s.
Prozessschritt 3 bis 7 Abb. 2.3). (Hoitsch et al. 2005)

2.2   Risikomanagement im Spannungsfeld unternehmerischer Entscheidungsfindung

Bedingung für eine nachhaltig erfolgreiche Unternehmenstätigkeit ist die Gefahrenkon-
trolle und Chancennutzung im Bereich der unternehmerischen Risikosphäre. *Diederichs*
beschreibt, dass *„ein Unternehmen seine Marktposition nur festigen und seine Wettbewerbsvorteile ausbauen können"* wird, *„wenn es seine Risiken kennt, analysiert, bewältigt*

und kontinuierlich beobachtet." Anderenfalls droht eine Gefährdung unternehmerischer Zielsetzungen bzw. im Extremfall des gesamten Unternehmensfortbestands. (Diederichs 2018)

Auch wenn sich hiernach das Risikomanagement als *„betriebswirtschaftliche Notwendigkeit"* ergibt, herrschen in der Praxis verschiedene Aspekte und Perspektiven vor, die das risiko-(un-)bewusste Denken und Handeln prägen (Diederichs 2018). *Gleißner* (2011) unterteilt die Herausforderungen, die den Umgang des Managements mit Risiken prägen, in drei Bereiche: *„Kenntnisdefizite"*, *„Psychologische Aspekte"* und *„Persönliche Interessen"*.

Kenntnisdefizite resultieren nach *Gleißner* (2011) aus einer fehlenden Behandlung des Themas Risikomanagement in akademischen oder vergleichbaren Laufbahnen von Managementmitgliedern. Dieses führt neben der Unkenntnis von Methoden des Risikomanagements zur Unterschätzung seiner Bedeutung für grundlegendes unternehmerisches Handeln und Unternehmensführung. Unter den Punkt psychologische Aspekte fallen u. a. eine starke *„Aversion gegenüber Risiken und (mehr noch) Verlusten"*, was in der Geschäftspraxis zu erheblichen Abweichungen im Umgang mit Risiken gegenüber den wissenschaftstheoretischen Ansätzen führt. Ferner hängt die Risikowahrnehmung und -neigung maßgeblich von individuellen Persönlichkeitseigenschaften und kurzfristigen Entscheidungsrandbedingungen ab. Letztere sorgen beispielsweise für eine ausgeprägte Fokussierung auf die Tragweite eines Risikos und weniger auf die Wahrscheinlichkeit des Eintretens. Die *„mit der Risikoanalyse einhergehende(n) Transparenz"* ist vielfach konträr zu den persönlichen Interessen von Verantwortungsträgern. Eine Rechtfertigung für zu treffende Entscheidungen sowie eine vereinfachte Überprüfbarkeit von Leistungen und Ergebnissen kann ein ernstzunehmendes Hemmnis für unternehmerisches Denken und Handeln unter Risikoaspekten sein. (Gleißner 2011)

Im Bereich der unternehmerischen Entscheidungsfindung zwischen Risikominimierung und Gewinnmaximierung steht das Risiko naturgemäß fortlaufend in Konflikt bzw. in einem Spannungsfeld zum Profit (Frahm 2021). Langfristig ist die Mindestbedingung für den Fortbestand eines Unternehmens die *„Vermeidung der Vermögenauszehrung"* und die *„Wahrung der Zahlungsfähigkeit"* (Wöhe et al. 2020). Diese Anforderungen lassen sich durch die nachhaltige Erwirtschaftung von Profit erreichen, welcher nur mit risikobewusstem unternehmerischen Denken und Handeln zu erzielen ist.

2.3 Gesetzliche Grundlagen und Regularien

Das seit 1998 geltende Gesetz zur Kontrolle und Transparenz im Unternehmensbereich (KonTraG) beschreibt die Einrichtung eines Frühwarnsystems und definiert Verpflichtungen des Vorstandes in Bezug auf den Umgang mit Risiken. Konkret greift das Gesetz die Regelung des § 91 Abs. 2 Aktiengesetz (AktG) auf, die den Vorstand einer Aktiengesellschaft zur *„Einrichtung eines angemessen Risikomanagements, einer angemessenen* *internen Revision, bzw. internen Überwachung"* verpflichtet. Es besteht bei *„Verletzung der Sorgfaltspflichten"* der Anspruch auf Schadensersatz gegenüber dem Vorstand. Der Geltungsbereich des KonTraG beschränkt sich jedoch nicht auf Aktiengesellschaften, sondern schließt auch andere mittelgroße bis große Kapitalgesellschaften ein. Als Grundlage für und in Zusammenhang mit dem KonTraG stehen die gesetzlichen Regelungen des Handelsgesetzbuches (HGB). Dieses definiert mit dem § 317 Abs. 4 HGB den Prüfungsumfang für das Risikomanagement im Rahmen der Jahresabschlussprüfung. (Gleißner 2011)

Abb. 2.4 zeigt den Prüfungsumfang für das Risikomanagement nach § 317 Abs. 4 HGB.

Zu berücksichtigen ist, dass das KonTraG keine Vorgaben inhaltlicher Art wie zur Struktur, zum Aufbau, etc. des Risikomanagements macht. Weitreichendere Anforderungen definiert das 2009 in Kraft getretene Bilanzrechtsmodernisierungsgesetz (BilMoG). (Hoffmann 2017)

Dieses fordert für das Risikomanagement eine *„Prognoseberichterstattungspflicht"*, die eine Beurteilung und Erläuterung von zukünftigen Entwicklungsrisiken beinhaltet. Hierfür ist Stellung zu möglichen Gefahren wie auch Chancen zu beziehen und es sind

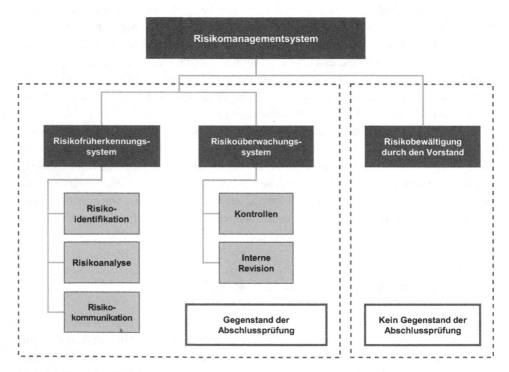

Abb. 2.4 Prüfungsumfang für das Risikomanagement nach § 317 Abs. 4 HGB. (Eigene Darstellung in Anlehnung an *Gleißner* (2011))

die Annahmen der Planungsgrundlage zu erläutern. Damit werden die im KonTraG definierten Anforderungen an ein Risikomanagementsystem durch die im BilMoG festgelegte *„Prognoseberichterstattungspflicht"* weiterentwickelt. (Gleißner 2011)

Die Mindestanforderungen an das Risikomanagement für Kreditinstitute (MaRisk) bilden seit 2005 eine weitere gesetzliche Grundlage für das Risikomanagement (Hoffmann 2017). Es bezieht sich mit seinen Anforderungen lediglich auf Kreditinstitute und Finanzdienstleister und soll aus diesem Grund nicht näher thematisiert werden.

2.4 Risikosphäre im Projektgeschäft und bei Bauunternehmen

Die Risikosphäre des Projektgeschäfts ist geprägt von den Merkmalen eines Projektes, welches sich durch seine Einmaligkeit in *„Standortgegebenheiten, Dimensionen, Qualitäten, Konstruktion, Organisation, Ablaufstrukturen und vertragliche(n) Abhängigkeiten"* sowie eine hohe Komplexität in Planung und Ausführung auszeichnet (Hoffmann 2017).

Beginnend mit der Akquisitionsphase weist das Projektgeschäft in der Bauwirtschaft erhebliche Risiken auf, die sich vor allem aus einer durch eine lange Vorlaufphase gekennzeichnete Kalkulationsphase mit vielfach von Unsicherheit geprägten ersten Informationsständen ergeben. Untersuchungsergebnisse von *Schwandt* aus qualitativen Interviews messen dem Prozess der Kalkulation in der Akquisitionsphase dieselbe Tragweite für das Projektergebnis bei wie der tatsächlichen Ausführung (Schwandt 2016). *„Die Suche nach als auch das Erkennen und Bewerten von Risiken bei der Angebotsbearbeitung [...] ist unabdingbar, um allfällige, daraus folgende wirtschaftliche Verluste zu vermeiden oder wenigstens zu reduzieren und vorhandene Chancen aktiv zu nutzen"* (Girmscheid und Busch 2003).

Girmscheid und *Busch* (2003) bezeichnen aber auch das Risikomanagement für die Projektausführung als unverzichtbar. Hier können Risiken beispielsweise aus höherer Gewalt resultieren und in Form von Witterungsbedingungen, Erdbeben, Streik, Unfällen oder Ähnlichem auftreten (Hoffmann 2017). Wesentlich ist ebenfalls der Einfluss von Qualität, Kosten und Terminen auf die Projektabwicklung, da diese grundsätzlich in einem Zielkonflikt zueinander stehen (Hoffmann 2017).

Neben projektspezifischen Risiken auf der operativen Unternehmensebene sind gesamtunternehmerische Risiken zu nennen, die aus dem makroökonomischen Umfeld und der strategischen Ausrichtung des Unternehmens entstehen. In ihrer Gesamtheit lassen sich Risiken nach unterschiedlichen Arten (*„gefährdetes Unternehmensziel, Zeithorizont, Messbarkeit, Quelle, etc."*) gliedern. Um ein effektives Risikomanagement auf der strategischen und der operativen Ebene umsetzen zu können, bietet sich eine Clusterung von Entwicklungen und damit verbundenen Risiken nach Quelle bzw. Herkunft an. (Diederichs 2018; Gleißner 2011; Hoffmann 2017; Vanini und Rieg 2021)

Die Abb. 2.5 stellt die Risikofelder getrennt nach dem unternehmensexternen und unternehmensinternen Umfeld dar.

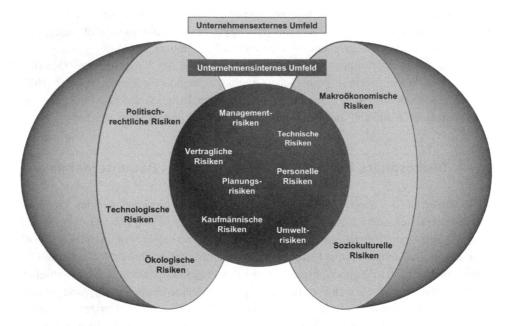

Abb. 2.5 Risikosphäre eines Unternehmens im Projektgeschäft. (Eigene Darstellung)

Die strategischen Risiken resultieren aus *„langfristigen Entscheidungen des Top-Managements"* und beschreiben die Ausrichtung des Unternehmens anhand der Entwicklungen des unternehmensexternen und -internen Umfelds. Konkret besteht dabei eine langfristige Gefährdung von Unternehmenszielen und Erfolgspotenzialen. Da es sich bei den Erfolgspotenzialen um wettbewerbskennzeichnende Stärken und Kompetenzen des Unternehmens handelt, bergen strategische Risiken entscheidende Gefahren für den Unternehmensfortbestand. (Vanini und Rieg 2021)

2.5 Schnittstellen mit Qualitätsmanagement und Controlling

Ein Risikomanagementsystem ist zur Erhöhung seiner Leistungsfähigkeit und Erweiterung seines Einflussbereichs in die Tätigkeiten des Qualitätsmanagements und Controllings einzubinden. Auch die Anforderungen an das Qualitätsmanagement und Controlling verlangen eine Integration des Risikomanagements. In der DIN EN ISO 9001:2015-11 (Deutsches Institut für Normung e. V. 2015) wird unter dem Begriff *„risikobasiertes Denken"* eine Verzahnung der Bereiche Risiko- und Qualitätsmanagement beschrieben. Das Qualitätsmanagement beinhaltet *„das Festlegen der Qualitätspolitiken und der Qualitätsziele, sowie Prozesse für das Erreichen dieser Qualitätsziele durch Qualitätsplanung, Qualitätssicherung, Qualitätssteuerung und Qualitätsverbesserung".* Konkret sollen

Methoden des Risikomanagements zur Analyse von Abweichungen und Entwicklung von Gegensteuerungsmaßnahmen in den Prozessen und der Systematik des Qualitätsmanagements genutzt werden. Die Umsetzung einer Qualitätsmanagementsystematik nach der Normenfamilie ISO 9000 ff. erfordert also unbedingt den strukturierten Umgang mit Risiken und Chancen. (Deutsches Institut für Normung e. V. 2015)

Das Controlling ist nach *Diederichs* als *„zielbezogene Unterstützung von Führungsaufgaben"* zu verstehen, bei der eine umfassende und strukturierte *„Informationsbeschaffung und -verarbeitung"* die Grundlage für Planungen und Entscheidungen des Management bildet sowie als Kontrollfunktion dient. Hier steht die *„Verbesserung der Entscheidungsqualität"* im Mittelpunkt. (Diederichs 2018)

Die Informationsbeschaffung und -verarbeitung ist im Gegensatz zum zukunftsorientierten Risikomanagement beim Controlling als vergangenheitsorientierte Sichtweise zu betrachten. Nach *Khairana* ist der Aufbau eines Risikomanagements auf bestehenden Controllingstrukturen bis hin zu einer als *„Risikocontrolling"* verstandenen weitreichenden Integration interdisziplinär wirkender Aufgaben beider Bereiche sinnvoll, bei der das Controlling für eine risikospezifische Informationsgrundlage und -transparenz sorgt. Insbesondere im Bereich der kennzahlen- und indikatorbasierten Informationsbearbeitung ist die Unterstützung des Risikomanagements durch das Controlling empfehlenswert. (Khairana 2021)

2.6   Kennzahlen und Key Performance Indicators

Definition Kennzahlen

Bei Kennzahlen handelt es sich nach *Weber* (2006) um Werte, die komplexe Inhalte und Informationen erfassen, zusammenfassen und messen. Sie zeichnen sich durch eine hohe Verdichtung und leichtverständliche Aussagekraft aus. Laut *Reichmann* (2011) weisen Kennzahlen drei entscheidende Elemente vor: *„Informationscharakter"*, *„Quantifizierbarkeit"* und *„spezifische Form der Information"*. In der Praxis am weitesten verbreitet sind betriebswirtschaftliche Kennzahlen in Form von Finanz- und Bilanzkennzahlen. Ebenfalls relevante Unternehmensbereiche für Kennzahlen sind Personalbereich, Produktion, Materialwirtschaft sowie Marketing und Verkauf (Weber 2006).

Aus Daten dieser Bereiche entwickelte Kennzahlen werden auch als Prozesskennzahlen bezeichnet; sie *„dienen der Steuerung, Überwachung und Regelung von Prozessen"*. Ihre Anwendung dient im Wesentlichen der Förderung von Transparenz, Effektivität und Effizienz von Unternehmenstätigkeiten und hängt unmittelbar mit den Zielen der Unternehmung zusammen. (Quality Services & Wissen GmbH 2022)

Definition Key Performance Indicators

Key Performance Indicators (KPIs; deutsch: „*entscheidende Leistungskenngrößen*“) werden in der DIN EN ISO 9004:2009-12 wie folgt beschrieben: „*Faktoren, die von der Organisation beeinflusst werden können und die für ihren nachhaltigen Erfolg von entscheidender Bedeutung sind, sollten einer Leistungsmessung unterzogen werden und als entscheidende Leistungskenngrößen [...] ermittelt werden*“. Für die Festlegung, Überwachung, Prognose und Korrektur von Unternehmens- und Prozesszielen ist die Quantifizierbarkeit der Leistungsmessung von entscheidender Bedeutung. (Deutsches Institut für Normung e. V. 2009)

Das Lexikon der Quality Services & Wissen GmbH ergänzt die Definition der DIN EN ISO 9004 um den Aspekt, dass Key Performance Indicators vernetzte bzw. zusammenhängende betriebswirtschaftliche Kennzahlen sind. Diese sind Prozessen zugeordnet und können durch entsprechende Ausarbeitung (z. B. durch das Controlling) dokumentiert sowie dem Management präsentiert werden. (Quality Services & Wissen GmbH 2022)

Vanini und *Rieg* zählen die Anwendung von Kennzahlen und Key Performance Indicators zu den Instrumenten und Methoden des Risikomanagements, wobei sie Kennzahlen zur Darstellung von Risikozielen verwenden (s. Abschn. 2.1). Diese sind eine „*Operationalisierung*“ von Risikozielen, wodurch eine „*ökonomische Bewertung von Risiken in Bezug auf die Unternehmensziele*“ möglich wird. Mithilfe von (Früherkennungs-)Indikatoren können präventiv Ursachen potenzieller Risiken und Chancen erkannt und quantifiziert werden. (Vanini und Rieg 2021).

Die folgende Tab. 2.1 fasst die in diesem Kapitel erarbeiteten Definitionen zusammen und gibt zu jedem Begriff eine Kurzdefinition in eigenen Worten wieder.

Tab. 2.1 Definitionen der Begriffe im Grundlagenkapitel. (Eigene Darstellung)

Begriffe	Definitionen
Risiko	Ambivalenter Begriff, der Abweichungen von definierten Zielen beschreibt. Eine negative Abweichung wird als Gefahr und eine positive Abweichung als Chance bezeichnet.
Risikomanagement	Bezeichnet das Führen, Steuern und Verantworten aller risikospezifischen Tätigkeiten und Ereignisse eines Unternehmens. Es teilt sich auf in das strategische Risikomanagement für langfristige Unternehmensentscheidungen und das operative Risikomanagement für den (alltäglichen) betrieblichen Leistungserstellungs- und Verwertungsprozess. Maxime des Risikomanagements ist die Sicherung des Unternehmensfortbestandes.
Risikomanagementsystem	Gewählte Systematik, die das Risikomanagement in Bezug auf Ziele, Organisation, Aufgaben, Politiken und Verantwortlichkeiten strukturiert.

(Fortsetzung)

Tab. 2.1 (Fortsetzung)

Begriffe	Definitionen
Risikomanagementpolitik	Rahmengebender Handlungskorridor der unternehmerischen Tätigkeiten einer Organisation in Bezug auf Risiken. Sie setzt sich aus festgelegten Grundsätzen zum Umgang mit Risiken und dem Kompetenzbereich des Risikomanagements zusammen.
Risikoziele	Kennzahlen, die der Unternehmensführung als Maßgabe und Orientierungshilfe für den Umgang mit Risiken und dem Risikomanagement dienen. Ihre Beziehung zu weiteren Zielen der Unternehmensstrategie muss genau ermittelt und entsprechend priorisiert werden.
Risikokultur	Der Teil der Unternehmenskultur, der Verhalten, Werte und Bewusstsein aller Unternehmensmitglieder gegenüber Risiken beschreibt. Sie nimmt erheblichen Einfluss auf Tätigkeiten, Entscheidungen und Maßgaben in Bezug auf das Risikomanagement.
Kennzahlen	Mathematisch-statistische Darstellungs- und Auswertungsform komplexer Sachverhalte und Informationen, die eine leichte Verständlichkeit und Quantifizierung von Entwicklungen zum Ziel haben. Anwendung finden betriebswirtschaftliche Kennzahlen (z. B. Finanz- und Bilanzkennzahlen) sowie Prozesskennzahlen (z. B. Personal-, Produktions- und Marketingkennzahlen).
Key Performance Indicators	Vergleichbar mit den Kennzahlen weisen Key Performance Indicators eine erweiterte Vernetzung bzw. die Zusammenführung verschiedener Informationen und Datengrundlagen auf. Sie sind somit durch eine noch höhere Verdichtung gekennzeichnet und dienen in ausgearbeiteter Form dem Reporting gegenüber der Geschäftsführung.

Literatur

Diederichs, M. *Risikomanagement und Risikocontrolling,* 4. Auflage, Verlag Franz Vahlen GmbH, München, 2018

Deutsches Institut für Normung e. V. *DIN EN ISO 9004:2009-12 Leiten und Lenken für den nachhaltigen Erfolg einer Organisation – Ein Qualitätsmanagementansatz,* Beuth Verlag, Berlin, 2009

Deutsches Institut für Normung e. V. *DIN 69901-5:2009-01 Projektmanagement – Projektmanagementsysteme – Teil 5: Begriffe,* Beuth Verlag, Berlin, 2009

Deutsches Institut für Normung e. V. *Projekte – Anwendungsleitfaden,* Beuth Verlag, Berlin, 2014

Deutsches Institut für Normung e. V. *DIN EN ISO 9000:2015-11 Qualitätsmanagementsysteme – Grundlagen und Begriffe,* Beuth Verlag, Berlin, 2015

Deutsches Institut für Normung e. V. *DIN EN ISO 9001:2015-11 Qualitätsmanagementsysteme – Anforderungen,* Beuth Verlag, 2015

Deutsches Institut für Normung e. V. *ISO 31000:2018-10 Risikomanagement – Leitlinien,* Beuth Verlag, Berlin, 2018

Drill, T. *Risiko in der Bauwirtschaft,* Skript der Fachhochschule Münster, Münster, 2013

Frahm, G. *Enterprise Risk Management: Das Risikomanagement einer wertorientierten Unternehmenssteuerung,* 1. Auflage, Springer Fachmedien, Wiesbaden, 2021

Girmscheid, G., Busch, T. *Risikomanagement in Bauunternehmen – Projektrisikomanagement in der Angebotsphase,* Bauingenieur – Die richtungsweisende Zeitschrift im Bauingenieurwesen, Band 78, Springer-VDI-Verlag GmbH & Co. KG, Düsseldorf, 2003

Gleißner, W. *Grundlagen des Risikomanagements im Unternehmen – Controlling, Unternehmensstrategie und wertorientiertes Management,* 2. Auflage, Verlag Franz Vahlen GmbH, München, 2011

Hoffmann, W. *Risikomanagement: Kurzanleitung Heft 4,* 2. Auflage, Springer Vieweg, Berlin, Heidelberg, 2017

Hoitsch, H. et al. *Risikokultur und risikopolitische Grundsätze: Strukturierungsvorschläge und empirische Ergebnisse,* Zeitschrift für Controlling & Management, 49. Jahrgang, Heft Nr. 2, 2005

Huch, B., Tecklenburg, T. *Risikomanagement – Beiträge zur Unternehmensplanung: Risikomanagement in der Bauwirtschaft,* 1. Auflage, Springer Verlag, Berlin, Heidelberg, 2001

Khairana, D. *Integration von Risikomanagement und Controlling im Bauprojekt,* Facharbeit, FH Aachen University of Applied Sciences, 2021

Quality Services & Wissen GmbH *Prozesskennzahlen KPI,* Lexikon der Quality& Wissen GmbH, https://www.quality.de/lexikon/, 28.08.2022

Reichmann, T. *Controlling mit Kennzahlen: die systemgestützte Controlling-Konzeption mit Analyse- und Reportinginstrumenten,* 8. Auflage, Verlag Franz Vahlen GmbH, München, 2011

Schawel, C., Billing, F. *Top 100 Management Tools,* 6. Auflage, Springer Gabler, Wiesbaden, 2018

Schwandt, M. *Risikomanagement im Projektgeschäft – Entwicklung einer Riskmap für die Projektabwicklung in der Baubranche unter Berücksichtigung des Risikokreislaufs und des Projektlebenszyklus,* Thesenheft zur Ph. D. Dissertation, Universität Miskolc – Fakultät für Betriebswirtschaft, 2016

Vanini, U., Rieg, R. *Risikomanagement – Grundlagen – Instrumente – Unternehmenspraxis,* 2. Auflage, Schäffer-Poeschel Verlag, Stuttgart, 2021

Weber, M. *Schnelleinstieg Kennzahlen: [Schritt für Schritt zu den wichtigsten Kennzahlen],* 1. Auflage, Freiburg, München u. a.: Haufe, 2006

Wöhe, G et al. *Einführung in die Allgemeine Betriebswirtschaftslehre,* 27. Auflage, Verlag Franz Vahlen GmbH, München, 2020

Stand der Forschung 3

Für die Entwicklung eines umfassenden Risikomanagements für operative wie auch strategische Risikofelder sind eine Vielzahl von Anforderungen und Themen zu berücksichtigen. Sie resultieren aus der allgemeingültigen Bedeutung des Risikomanagements für alle nach dem ökonomischen bzw. Rationalprinzip handelnden Subjekte und Einheiten eines Wirtschaftssystems. In diesem Kapitel werden verschiedene wissenschaftliche Veröffentlichungen aus den Forschungsfeldern Projektmanagement, Baubetrieb, Betriebswirtschaftslehre und Verhaltenspsychologie betrachtet, die relevante Inhalte für die Entwicklung einer Risikomanagementsystematik liefern können. Aus den untersuchten Inhalten werden abschließend Arbeitsaufträge für die Ausarbeitungen in Kap. 4 und 5 dieser Arbeit formuliert.

1. **Thesenheft zur Ph.D. Dissertation: Risikomanagement im Projektgeschäft –** Entwicklung einer Riskmap für die Projektabwicklung in der Baubranche unter Berücksichtigung des Risikokreislaufs und des Projektlebenszyklus
   von *Michael Schwandt* (2016)

Ziel der Arbeit
Übergeordnete Zielsetzung der Arbeit ist die Verbindung von theoretischen Kenntnissen zum Risikomanagement mit den praktischen Problemen der Projektabwicklung in der Bauindustrie. Für diese Verbindung wird eine Riskmap für die Projektabwicklung erarbeitet.

Das Thesenheft erarbeitet auf der Forschungsgrundlage von Hypothesen die Anforderungen und Herausforderungen an die zu entwickelnde Riskmap. Diese Hypothesen befassen sich mit dem Kenntnisstand von Fachkräften in der Bauindustrie zum Risikomanagement und darauf aufbauend mit dem Lösungskonzept einer Riskmap für ermittelte Kenntnisdefizite.

© Der/die Autor(en), exklusiv lizenziert an Springer Fachmedien Wiesbaden GmbH, ein Teil von Springer Nature 2023
J. Bär, *Aufbau eines umfassenden Risikomanagements,* Entwicklung neuer Ansätze zum nachhaltigen Planen und Bauen, https://doi.org/10.1007/978-3-658-40993-7_3

Methodische Vorgehensweise

Die Auswertung der Hypothesen erfolgt in Form einer dreiteilig kombinierten Forschungsmethodik, bestehend aus der Durchführung von Interviews, Anwendung standardisierter
Fragebögen und Anfertigung einer Fallstudie. Für die Durchführung der Interviews wurden
Führungskräfte in der Bauindustrie zu ihrer Sichtweise auf das Thema Risikomanagement und ihren bisherigen Erfahrungen persönlich befragt. Die standardisierten Fragebögen
als schriftliche Befragung richteten sich an eine große Anzahl von Mitarbeitenden in der
Bauindustrie mit dem Ziel einer statistischen Auswertung. Als letzter Schritt der Forschungsmethodik wurde eine Fallstudie über das Unternehmen Bilfinger Berger AG durchgeführt.
Ziel war die Informationsgewinnung zum Risikomanagement in einem konkreten Unternehmensbeispiel auf der Ebene des Gesamtkonzerns und der einzelnen Bauprojekte sowie
die Schaffung einer Grundlage für Rückschlüsse von diesem speziellen Fall auf die Gesamtheit der Branche. Die Dreiteiligkeit der Forschungsmethodik sollte laut *Schwandt* die
wechselseitige Überprüfung von Ergebnissen ermöglichen.

Relevante Inhalte der Arbeit

Im Folgenden werden die untersuchten Hypothesen und Untersuchungsergebnisse vorgestellt:

1. Hypothese:

*„Das Wissen der Teilnehmer von Bauprojekten über Risikomanagement ist umso höher,
je näher es ihrem eigenen Arbeitsbereich kommt. Es ist am höchsten in Bezug auf Bauprojekte, geringer in Bezug auf das gesamte Unternehmen und am geringsten in Bezug auf
Risikomanagement allgemein.“*

Ergebnis:

Das Wissen zum Risikomanagement ist bei den auf Bauprojekten Tätigen zu Bauprojekten am größten, zu den anderen Themenbereichen geringer. Am wenigsten Kenntnisse
wurden in Bezug auf das Risikomanagement des gesamten Unternehmen ermittelt.

2. Hypothese:

*„Das Wissen der Mitarbeiter über Risikomanagement wird von verschiedenen Variablen
beeinflusst. Je nach Variable fällt dieser Einfluss unterschiedlich aus. Es besteht ein Zusammenhang zwischen dem Wissen über Risikomanagement einerseits und andererseits: der
Dauer der Betriebszugehörigkeit, der organisatorischen Ebene [...], einem Positionswech-
sel innerhalb des Unternehmens in der Vergangenheit, ob der Mitarbeiter direkt auf einem
Projekt eingesetzt ist oder nicht. Das Wissen über Risikomanagement einerseits und das
Land der Arbeitsausübung andererseits sind zwei voneinander unabhängige Variablen.“*

Ergebnis:

Es besteht für Beschäftigte auf Bauprojekten *ein „Zusammenhang zwischen Wissen zum
Risikomanagement und der Dauer der Betriebszugehörigkeit“*, wobei für die ersten zwei

Jahre der Wissenszuwachs am größten ist. Eine höhere Hierarchieebene geht mit einem höheren Wissen über das Risikomanagement einher. Der Kenntnisstand hängt nicht von internen Positionswechseln oder dem Einsatzort (Projekt oder Verwaltung, etc.) der Beschäftigten ab. Bei den untersuchten Ländern Österreich, Ungarn und Rumänien zeigte sich ein Zusammenhang zwischen dem Standort der Arbeitsausübung und dem Wissen zum Risikomanagement. Hierbei hatten im Ausland tätige Mitarbeitende das größte Wissen, bei Einheimischen fiel das Wissen von österreichischen über ungarische hin zu rumänischen Mitarbeitenden ab.

3. Hypothese:

„Die Teilnehmer von Bauprojekten haben die Wichtigkeit des Risikomanagements erkannt. Das Risikobewusstsein ist jedoch nicht bei allen Projektteilnehmern gleichmäßig ausgeprägt."

Ergebnis:

Risikobewusstsein gilt als *„wesentliche Komponente"* für ein wirksames Risikomanagements. Es ist stark abhängig von der Organisationsebene und eine Veränderung hin zu mehr Risikobewusstsein auf der Ebene der Bauleiter und Poliere gilt als Herausforderung. Die Beurteilungen zum Risikomanagement fielen sehr unterschiedlich aus und waren stark von der individuellen Persönlichkeit abhängig, was u. a. auch die Verknüpfung von theoretischem Wissen mit der praktischen Umsetzung erschwerte. In Bezug auf Ursachen von Risikoprojekten konnten lediglich 50 % der Befragten ein adäquates Risikobewusstsein vorweisen. Im Unternehmensbeispiel wurde die Verantwortung für unternehmensgefährdende Risiken auf alle Mitarbeitende übertragen. Die Bedeutung des Risikomanagements wurde erkannt, das Risikobewusstsein war jedoch sehr unterschiedlich ausgeprägt.

4. Hypothese:

„Das Wissen und die Hilfsmittel zum Risikomanagement von Bauprojekten müssen den Teilnehmern komplexer Projekte systematisiert und in geordneter Form zur Verfügung gestellt werden."

Ergebnis:

Im Kreis der Führungskräfte wurden als Ursachen für Risikoprojekte *„mangelnde Instrumente"*, *„zu geringes Risikobewusstsein"* und *„unzureichende Kommunikation zwischen verschiedenen Hierarchieebene(n)"* genannt. Diese Aussagen wurden aus der standardisierten Umfrage der Mitarbeitenden um konkrete Risikofaktoren wie für den Auftragnehmer nachteilige Bauvertragsbedingungen in Bezug auf Projektrisiken ergänzt. Als wesentliches Erfordernis für das Risikomanagement wurde hier auch die Strukturierung von bereits vorhandenen bzw. neuen Methoden und Instrumenten in einer einheitlichen Systematik angesehen. Der Bekanntheitsgrad eines bestehenden Managements von Risiken und von konkreten Regelungen war teilweise sehr gering und erreichte seinen Höchststand erst nach mindestens zehn Jahren Betriebszugehörigkeit. Die Kenntnisse zu Aktualität und Ablageort der Regelungen blieben unter diesen Voraussetzungen unzureichend.

Die für einen ausreichenden Kenntnisstand entscheidenden Schulungen und Informationsveranstaltungen zum unternehmenseigenen Risikomanagement fanden in vollständiger Form nur für die obere Organisationsebene statt, das mittlere Management wurde nur zum Teil berücksichtigt und die Mitarbeiterebene erhielt noch einmal deutlich weniger Input.

5. Hypothese:

„Ein geeignetes Werkzeug zur Systematisierung von Risiken auf Bauprojekten, sowie zur Erhöhung des Risikobewusstseins ist die Riskmap mit Handlungsanleitungen zum Umgang mit Risiken"

Ergebnis:

Nach den Ergebnissen von *Schwandt* ist der Einsatz einer Riskmap als Lösungskonzept für die Systematisierung von Risiken, Regelungen und Handlungsanleitungen der Bauprojekte ein sinnvolles Konzept.

(Bei *Schwandt* folgen zwei weitere Hypothesen zur Riskmap und eine detaillierte Beschreibung im Kontext der Phasen eines Projektlebenszyklus und den Phasen des Risikokreislaufs, die in dieser Arbeit nicht aufgeführt werden.)

Erkenntnisse für die eigene Arbeit

Den Ergebnissen des Thesenhefts können verschiedene Aspekte zur grundsätzlichen Ausgangssituation zum Kenntnisstand in Bezug auf das Risikomanagement entnommen werden. Insbesondere aus den Ergebnissen zum Risikobewusstseins aller Mitarbeitenden sind Anforderungen an ein effektives Risikomanagement sichtbar geworden.

Die Anforderungen an ein Risikomanagement, die sich aus der Untersuchung von *Schwandt* ergeben und als Grundlage für die Ausarbeitung in Kap. 4 und 5 dienen, bestehen aus folgenden Punkten:

1. Ein effektives Risikomanagement muss in seiner Systematik für ein ausgeprägtes Risikobewusstsein eine frühzeitige Einbindung aller Mitarbeitenden vorsehen. Das Risikobewusstsein ist als Bestandteil unternehmerischen Denkens und Handelns zu verstehen. Es muss zum einen über eine umfassende Information und Schulung den Mitarbeitenden sowie durch die Führungskompetenz und ein Vorleben durch das Top- und Middle-Management vermittelt werden.

2. Für eine schnellere Information über die Methoden und Instrumente des Risikomanagement sowie durch Aktualisierung entstandene Veränderungen sind die Mitarbeitenden und das Management in eine Weiterentwicklung der Risikomanagementsystematik einzubinden.

3. Auf die Verwendung einer einheitlichen Methodik und den Einsatz effektiver Instrumente sowie die Sicherstellung einer ausgeprägten bereichs- und organisationsebenenübergreifenden Kommunikation der Verantwortlichkeiten, Aufgaben und Ergebnisse des Risikomanagementprozesses ist zu achten.

Das Thesenheft und die Ergebnisse der Untersuchung lassen jedoch nicht auf die Gesamtheit der Anforderungen an ein Risikomanagement schließen. Zum einen ist hier bewusst der Fokus auf eine Systematik für das Projektgeschäft gerichtet, die das Risikomanagement auf strategischer Ebene nicht berücksichtigt. Zum anderen ist die Vielschichtigkeit zentraler Entscheidungssituationen des unternehmerischen Denkens und Handelns nicht betrachtet worden. Insbesondere die Komplexität der Perspektiven, Einflüsse und Zwänge bestimmen wesentliche Strukturen der Risikomanagementsystematik. Ein Zusammenhang zwischen dem Anwenden einer eingeführten Risikomanagementsystematik beispielsweise in Form einer Riskmap und einem Anreiz- bzw. Motivationskonzept hat im Rahmen der Untersuchung nicht stattgefunden.

2. Kognitive Verzerrungen im strategischen Entscheidungsprozess
von *Lucas Mantke* (2017)

Ziel der Arbeit

Zielsetzung der Arbeit ist die Ermittlung kognitiver Verzerrungen, die im Kontext strategischer Entscheidungen auftreten sowie die Betrachtung der Auswirkungen auf den strategischen Entscheidungsprozess. Als strategischer Entscheidungsprozess wird hier die Tätigkeit verstanden, bei der Entscheidungen zur „*grundsätzliche*(n) *Ausrichtung eines Unternehmens*" getroffen werden, die die langfristige Sicherung des Unternehmenserfolgs zum Ziel haben. *Mantke* berücksichtigt neben Erkenntnissen aus der Managementforschung im Bereich des strategischen Managements verhaltenswissenschaftliche Kenntnisse aus dem Forschungsgebiet der Kognitionspsychologie. Er gibt mit dieser Ausarbeitung einen Überblick über Forschungsergebnisse und Modelle zur Erklärung strategischen Entscheidungsverhaltens.

Methodisches Vorgehen

Die Erkenntnisse wurden durch eine intensive und „*unvoreingenommene*" Literatursuche erarbeitet, deren Methodik als „*Systematic Literature*" bezeichnet wird und von *Mantke* in drei Phasen (Planung, Durchführung und Ergebnisdarstellung) umgesetzt wurde. Die Planungsphase war durch eine Exploration des Themenfeldes zur Verschaffung eines Überblicks über den Einfluss kognitiver Faktoren auf den strategischen Entscheidungsprozess gekennzeichnet. Anschließend legte *Mantke* als Ziel die Darstellung des aktuellen Forschungsstandes zum Themenfeld fest und ermittelte mögliche Suchparameter für die Durchführungsphase.

Bei den verwendeten Quellen handelte es sich ausschließlich um englischsprachige peer-reviewed Artikel. Insgesamt wurden 38 Publikationen im Rahmen der Arbeit ausgewertet.

Relevante Inhalte der Arbeit

Eine strategische Entscheidungssituation ist von hoher Komplexität und Unsicherheit geprägt, eine simultane Identifizierung und Auswertung sämtlicher relevanter Informationen durch den Entscheidungsträger ist unmöglich. Diese kognitiven Limitierungen werden durch die Anwendung von Heuristiken (*„Verfahren zur Ableitung von Lösungen eines Entscheidungsproblems, bei dem effiziente analytische Verfahren nicht eingesetzt werden können"* (Heim 2019)) kompensiert. Die Anwendung von Heuristiken hat verschiedene kognitive Verzerrungen zur Folge, die zu fehlerhaften Abweichungen im strategischen Entscheidungsprozess führen können. Diese kognitiven Verzerrungen (eng. Bias) lassen sich nach grundsätzlichen Schritten des *„idealtypischen Modell(s)"* des strategischen Entscheidungsprozesses gliedern. Er teilt sich in die Problemidentifikation, eine darauf aufbauende Generierung von Entscheidungsalternativen sowie eine abschließende Evaluation und Auswahl auf.

Die ermittelten kognitiven Verzerrungen die bei strategischen Entscheidungsprozessen auftreten können, stellte *Mantke* in folgender Tab. 3.1 dar.

Erkenntnisse für die eigene Arbeit

Aus der betrachteten Ausarbeitung von *Mantke* ergeben sich für die Gestaltung eines umfassenden Risikomanagements im Rahmen dieser Arbeit zwei grundsätzliche Fragen:

1. Welche grundsätzliche Systematik sollte gewählt werden, um risikobewusstes Denken und Handeln für alle Mitarbeitenden auch unter dem Aspekt kognitiver Limitierung in komplexen Verhaltenssituationen zu ermöglichen bzw. zu verbessern?
2. Wie ist die Entscheidungssituation in den Freigabeprozessen für das Projektneugeschäft zu gestalten, sodass möglichst wenige kognitive Verzerrungen das Risikobewusstsein der Entscheidungsträger beeinträchtigen?

Die erste Fragestellung soll in Kap. 4 aufgegriffen werden und dort eine Struktur für das Risikomanagement gefunden werden, die den durch kognitive Verzerrung entstehenden Problemstellungen gewachsen ist bzw. einen systematisierten transparenten Umgang mit diesen ermöglicht.

Die zweite Fragestellung ist relevant für die Ausarbeitung eines strukturierten Freigabeprozesses für das Projektneugeschäft in Kap. 5. Die Inhalte der Ausarbeitung von *Mantke* beeinflussen das Verhalten im Spannungsfeld der Projektakquise und müssen bei den Voraussetzungen für die Zusammenarbeit zwischen der Akquisition und dem Risikomanagement genauso berücksichtigt werden wie bei dem Entwurf einer konkreten Freigabemethodik und -beschlussfassung.

Die vorliegende Ausarbeitung von *Mantke* hat ihren Schwerpunkt im strategischen Entscheidungsprozess und wählt hierfür eine weitgehende Isolierung dieses Prozesses im Kontext des gesamten unternehmerischen Handelns bzw. der Geschäftsführungstätigkeit. Jedoch sind alle genannten Faktoren kognitiver Verzerrung für die spezifischen Tätigkeiten des

Tab. 3.1 Kognitive Verzerrungen in den einzelnen Phasen des strategischen Entscheidungsprozesses. (Eigene Darstellung in Anlehnung an *Mantke* (2017))

Kognitive Verzerrung	Beschreibung	Effekt auf den strategischen Entscheidungsprozess
1. Problemidentifikation		
Prior Hypothesis Bias	Einbringung vorgefertigter Ansichten und Hypothesen in den Entscheidungsprozess	Ignoranz oder verzerrte Wahrnehmung von Problemstellungen
Status-Quo Bias	Entwicklung einer ungerechtfertigten Präferenz für den Status quo des Unternehmens	Verzerrte Wahrnehmung von Problemstellungen, unzureichende Anpassung an veränderte Rahmenbedingungen
Escalating Commitment	Festhalten an früheren Entscheidungen trotz negativer Ergebnisse	Fehlinterpretation von Informationen, unzureichende Revision bestehender Strategien
Reasoning by Analogy	Rückgriff auf Analogien zur Ergründung der Entscheidungssituation	Fehlerhafte, simplifizierte Definition der Problemstellung
2. Generierung von Entscheidungsalternativen		
Single Outcome Calculation	Fokussierung auf einzelne Ziele und Entscheidungsalternativen	Limitierung der Anzahl generierter Entscheidungsalternativen, vorschnelle Ablehnung alternativer Strategien
Problem Set	Rückgriff auf standardisierte Problemlösungsroutinen	Limitierung der Anzahl generierter Entscheidungsalternativen
3. Evaluation und Auswahl		
Representativeness	Beurteilung von Wahrscheinlichkeiten auf Basis wahrgenommener Ähnlichkeiten	Fehleinschätzung von Wahrscheinlichkeiten, Entwicklung eines ungerechtfertigten Vertrauens in Vorhersagen
Availability Bias	Beurteilung von Wahrscheinlichkeiten auf Basis des Erinnerungsvermögens oder der Vorstellungskraft	Fehleinschätzung von Wahrscheinlichkeiten, Entwicklung eines ungerechtfertigten Vertrauens in Vorhersagen

(Fortsetzung)

Tab. 3.1 (Fortsetzung)

Kognitive Verzerrung	Beschreibung	Effekt auf den strategischen Entscheidungsprozess
Illusion of Control	Überschätzung der Kontrollierbarkeit von Ausgängen strategischer Entscheidungen	Überschätzung der Erfolgsaussichten einer Entscheidungsalternative, Unterbewertung von Risiken
Overconfidence	Überschätzung der eigenen Fähigkeiten	Entwicklung eines ungerechtfertigten Vertrauens in strategische Entscheidungen

Risikomanagements wie auch den allgemeinen Umgang mit Risiken zu berücksichtigen. Im Rahmen dieser Arbeit ist diese umfängliche Betrachtung nicht möglich, daher werden folgende kognitive Verzerrungen als wesentlich für die weitere Ausarbeitung angesehen und bei der Ausarbeitung des Konzepts für das umfassende Risikomanagement berücksichtigt:

• Prior Hypothesis Bias

Bei dem idealtypischen Modell der Entscheidungsfindung sollen Entscheidungsträger rational vorgehen sowie als Grundlage eine durch Recherche, objektive Auswertung und Analyse erreichte vollkommene Informationslage nutzen. Der Prior Hypothesis Bias verzerrt diese Vorgehensweise indem vorhandene Erwartungen und Ansichten zum Ignorieren oder Verleugnen von Informationen führen. Zu dieser kognitiven Verzerrung zählt auch das „Motivated Reasoning". Hierbei wird die Informationsverarbeitung an das gewünschte Ergebnis der Entscheidungssituation angepasst. Dabei wird oft versucht, externe „Beobachter" der Situation durch eine „Illusion von Objektivität" zu überzeugen.

• Escalating Commitment

Durch Escalating Commitment neigen Entscheidungsträger zum Festhalten an scheiternde Projekte und eine teilweise Eskalierung dieser Entscheidungssituation durch eine erweiterte Ressourcenbereitstellung. Dabei wird die negative Informationslage wahrgenommen, jedoch aufgrund der eigenen Verantwortlichkeit falsch interpretiert. Einfluss nimmt hierbei auch der normative Kontext im Bereich der Unternehmenskultur (z. B. Fehlerkultur) sowie ein häufiger Rechtfertigungsgrund, bei dem der Zufall und nicht eigene Fehlentscheidungen zur Misere geführt haben soll. Vor diesem Hintergrund erscheint ein Festhalten an den ursprünglichen Entscheidungen als notwendig. Die häufige Vorgehensweise „gute Ergebnisse sich selbst, schlechte Ergebnisse jedoch exogenen Faktoren zuzuschreiben" wird auch als „Attributional Bias" beschrieben.

• Single Outcome Calculation

Idealerweise müssen im Zuge eines Entscheidungsprozesses verschiedene Alternativen betrachtet und analysiert werden. Single Outcome Calculation sorgt in der Realität häufig für eine wenig intensive und objektive Alternativensuche. Eine Rechtfertigung erfolgt meistens über die Zuordnung von geringen Eintrittswahrscheinlichkeiten für diese Alternativen. Eine im Voraus präferierte Lösung wird bevorzugt.

- Problem Set

Problem Set sorgt ebenfalls für eine begrenzte Betrachtung von Entscheidungsalternativen. Ursache ist die häufige Nutzung einer bekannten Strategie für Entscheidungssituationen bzw. Problemlösungen. In der Praxis haben sich somit unternehmens- oder branchenspezifische standardisierte Lösungsstrategien etabliert, die sich an vergangenen Situationen oder der Konkurrenz orientieren. Es besteht die Gefahr, optimale Alternativen nicht zu berücksichtigen.

- Availability Bias

Der Availability Bias führt zu Verzerrungen bei der Einschätzung von Wahrscheinlichkeiten für die Entscheidungssituation. Es werden Ereignisse als wahrscheinlicher bewertet, wenn sie leichter vorstellbar sind, besser zu bekannten Situationen passen oder als dramatisch gelten. Hierdurch kommt es laut *Mantke* zu einer Unterschätzung von schwer vorstellbaren Unternehmensrisiken.

- Illusion of Control

Als Illusion of Control wird die Überschätzung des eignen Einflusses auf den Ausgang von Entscheidungssituationen bezeichnet. Das trifft für neue Entscheidungssituationen genauso zu wie für strategische Entscheidungen, die aufgrund von bereits aufgetretenen Problemen getroffen werden. Im Gegensatz zum idealtypischen Modell des strategischen Entscheidungsprozesses führt dieses zum Wegfall einer umfassenden *„Abwägung von Risiken gegenüber potenziellen Erträgen"*, da die Risiken als kontrollierbar angesehen werden. Hierbei liegt die Vorstellung zugrunde, dass Risiken überwunden werden können und nicht originärer Bestandteil strategischer Entscheidungssituationen sind. *Mantke* nennt in diesem Zusammenhang auch die Akquisition von Unternehmen zur Strukturerweiterung.

3. **Notwendigkeit zur Etablierung von Risikomanagement-Prozessen**
   von *Heinz Ehrbar* (2017)

Ziel der Arbeit

Identifizierung und Erklärung der wesentlichen Erfolgsfaktoren von Bauprojekten anhand von Projektanforderungen und einer Analyse zur Projektorganisation des Projekts Gotthard-Basistunnel sowie anhand der persönlichen Projekterfahrung des Autors. Die Projektanforderungen werden aus dem magischen Dreieck des Projektmanagements (Qualität, Termine und Kosten) und weitergehenden Definitionen aus Qualitätsmanagementnormen abgeleitet. Anhand dieser Erfolgsfaktoren ermittelt *Ehrbar* den Bedarf für ein Projektrisikomanagement zur Erzielung eines Projekterfolgs.

Methodik der Arbeit

Die Ausarbeitung ist als Beitrag zum Baubetriebsseminar 2017 des Instituts für Bauwirtschaft und Baubetrieb der Technischen Universität Braunschweig entstanden. *Ehrbar* erarbeitet die Inhalte anhand von großen Infrastrukturprojekten aus dem Schienenverkehr und leitet diesen Beitrag aus seiner persönlichen Berufserfahrung bei der DB Netz AG ab.

Relevante Inhalte der Arbeit

Die Anforderungen an ein Projekt setzen sich nach *Ehrbar* aus den Bereichen Qualität und Funktion, Arbeitssicherheit, Umweltanforderungen, öffentliche Meinung, Prozess und Organisation, Möglichkeiten des Marktes, Termine sowie Kosten und Finanzierung zusammen. Als Erfolgsfaktoren zur *„optimalen Erfüllung aller festgelegten, vereinbarten und vorausgesetzten* (Projekt-)*Anforderungen"* nennt *Ehrbar* folgende:

a. *„Respekt vor der Aufgabe"*
b. *„Sorgfältige Projektvorbereitung"*
c. *„Wahl von geeigneten Organisationsformen und optimalen Prozessen"*
d. *„Konsequentes Qualitäts- und Risikomanagement ab den frühesten Projektphasen"*
e. *„Partnerschaftlicher Umgang mit den Auftragnehmern"*
f. *„Unternehmens- und Projektkultur unter Berücksichtigung ethischer Prinzipien".*

Das Risikomanagement ist für *Ehrbar* von besonderer Bedeutung für den Projekterfolg. Es ist in Form eines Projektrisikomanagements zur Gefahrenabwehr für sämtliche Themenbereiche umzusetzen. So ist die *„oberste Pflicht"* des leitenden Verantwortungsträgers, *„Schaden bezüglich sämtlicher Projektanforderungen abzuwehren und Chancen zu nutzen".* Kritisiert wird hiermit die häufig eindimensionale Sichtweise auf das Risikomanagement vieler Unternehmen als ein reines Kostenmanagement. Auch eine zunehmende *„Mathematisierung des Risikomanagements"* sieht *Ehrbar* aufgrund von Scheingenauigkeiten und eines Verlustes der individuellen *„Denkarbeit"* des Risikomanagements für das Projektgeschäft kritisch.

Ein erfolgreiches Projektrisikomanagement weist nach *Ehrbar* folgende Merkmale auf:

1. *„Einfache Handhabung"*

2. *„Einsatz ab den frühen Leistungsphasen"* (HOAI-Leistungsphase 1)
3. *„Projektspezifischer Einsatz"*
4. *„Risikomanagement als stufengerechtes Führungsinstrument"*.

Darüber hinaus wird der *„Kulturwandel als größter Handlungsbedarf"* für die Umsetzung des Risikomanagements beschrieben. Dieser Kulturwandel erfordert einen entsprechenden Willen zur Auseinandersetzung mit Projektrisiken, welche in Form eines partnerschaftlichen Umgangs der Projektbeteiligten erfolgen sollten. Für die Umsetzung empfiehlt *Ehrbar* ein *„Projektfokus-Handbuch"* mit wesentlichen Projektzielen und Regelungen für die Zusammenarbeit. Das Projektrisikomanagement sollte in einer transparenten und lernenden Kultur stattfinden, die auf Vertrauen sowie eine offene Fehlerkultur und Selbstreflexion baut. Als weiterer wichtiger Bestandteil des Kulturwandels nennt *Ehrbar* die Initiierungsbereitschaft der Unternehmensleitung und die Vorbildfunktion aller Führungskräfte eine *„klar formulierte Risikostrategie"* für die Projekte und eine *„klar kommunizierte Risikotragfähigkeit"* anzustoßen und sie verantwortungsbewusst umzusetzen. Das letzte Element besteht im *„Können"* des Risikomanagements. Hierfür müssen für die vergleichsweise einfache Prozesswelt des Bauprojektgeschäfts effektive Methoden zur Abbildung des Risikoportfolios (Abbildung der Gesamtrisikolage des Projektes) eingesetzt werden. *Ehrbar* warnt eindeutig vor der Umsetzung mithilfe mathematisch-statistischer Methoden, wie z. B. einer Monte-Carlo-Simulation. Entscheidend ist hingegen eine erfahrene und reflektierte Herangehensweise für risikobewusstes unternehmerisches Denken und Handeln. Zu einer professionellen Umsetzung gehören regelmäßige Quartalsgespräche zu den Projektrisiken und -chancen und dazugehörige Maßnahmenpläne, die Aufgaben und Verantwortungsbereiche regeln.

Erkenntnisse für die eigene Arbeit
Ehrbar betrachtet in seiner Ausarbeitung ausschließlich das Risikomanagement auf operativer Projektebene. Aus diesem Grund lassen sich seine Anforderungen an die Einrichtung einer entsprechenden Systematik für das Risikomanagement nicht vollständig auf ein Risikomanagement für die Gesamtunternehmung übertragen. Es sollten jedoch die allgemeingültigen Aspekte berücksichtigt werden, wie die vier Merkmale für ein erfolgreiches (Projekt-)Risikomanagement, die Voraussetzungen und Anforderungen an einen Kulturwandel (diese sind in dieser Arbeit für die Risikokultur relevant) sowie die Ausführungen zum Verzicht auf mathematisch-statistische Methoden zur Bewahrung des Risikobewusstseins.

Kritisch anzumerken ist, dass eine Trennung vom internen Risikomanagement des einzelnen Bauunternehmens und dem projektspezifischen Risikomanagement aller Projektbeteiligten mindestens über die Zeitspanne aller neun HOAI-Leistungsphasen bei *Ehrbar* nicht klar erkennbar ist. Zum Teil sind die Ausführungen zum Kulturwandel auf den Projekten ebenfalls von dieser Ungenauigkeit geprägt und lassen offen, wie realistisch diese Formen der Zusammenarbeit gerade im sensiblen Themenbereich des Risikomanagements sind. Das *„Projektfokus-Handbuch"* als beschriebenes Instrument gleicht hier zu stark dem vielfach vorhandenen Projekthandbuch aus dem Projektmanagement. Dieses konnte in seiner bisherigen Struktur und Anwendung das Risikomanagement auf Bauprojekten begleiten, jedoch nicht in jedem Fall umfassend abbilden.

4. Risikokultur
„Soft Skills" für den Umgang mit Risiken im Unternehmen.
von *Oliver Bungartz* (2006)

Relevante Inhalte des Artikels
Bungartz fragt sich warum Risikomanagementsystematiken, deren Grundlagen in der betriebswirtschaftlichen Literatur detailliert dargelegt wurden und die nach den Geschäftsberichten deutscher Aktiengesellschaften vollumfänglich in der Geschäftspraxis integriert sind, trotzdem regelmäßig das Versagen ganzer Konzerne nicht verhindern.

Dieser Artikel betrachtet die Risikokultur als entscheidendes Kriterium für die Wirksamkeit einer Risikomanagementsystematik. Hierfür vertritt *Bungartz* die These des *„kulturellen Pragmatismus"*, nach welchem die Kultur eines Unternehmens sowie die dazugehörige Risikokultur vom Management beeinflusst werden können und sollten. Eine kurzfristige und präzise Beeinflussung der Unternehmenskultur (*„Kultur-Revolution"*) ist nach *Bungartz* nur bei einem Komplettwechsel der Unternehmensleitung realistisch, eine mittel- und langfristige Anpassung wahrscheinlicher.

Analog zur Unternehmenskultur können der Risikokultur drei Ebenen zugeordnet werden. Das Fundament bilden die *„Basisannahmen der Unternehmensmitglieder"*. Es handelt sich hierbei um grundlegende Orientierungs- und Wahrnehmungsmuster wie *„Annahmen über die Umwelt, die Natur des Menschen, das menschliche Handeln, die zwischenmenschlichen Beziehungen"* in Bezug auf Risikowahrnehmung und -management. Als zweite Ebene soll das *„Normen- und Wertesystem"* die Basisannahmen als *„ungeschriebene Verhaltensrichtlinien und Verbote"* erfassen und somit zu einer Steuerung des Risikoverhaltens führen. Die dritte Ebene der Risikokultur bildet das *„Symbolsystem"*, welches aus eindeutig sichtbaren Elementen wie z. B. Risikohandbuch, Risikomanager/-in, Publikation von Risikogrundsätzen und Risikoworkshops besteht.

Die Sensibilisierung für Aspekte der Risikokultur durch die Unternehmensführung fördert ein Risikomanagementsystem in seiner Anwendung. Eine Risikoorientierung in der Unternehmenskultur zeigt sich im Risikobewusstsein aller Mitarbeitenden. Aufgrund ihrer besonderen Einflussnahmen als *„Kulturträger"* liegen zentrale Aufgaben in Bezug auf die Risikokultur bei der Unternehmensleitung, dem Risikomanagement und Controlling sowie den Unternehmensbereichsleitungen. Eine allgemeine Verantwortung und Einflussnahme liegt jedoch auch bei allen Mitarbeitenden. Bungartz unterteilt die Beeinflussung der Risikokultur in die Faktoren *„Strategie und Philosophie"*, *„Führungsstil und [...] -system"*, *„Personal"*, *„Kommunikation"*, *„Organisation und Prozesse des Risikomanagements"* sowie *„Reaktion auf Umweltveränderungen"*. Für ein tieferes Verständnis wird im Folgenden die Ausgestaltung der einzelnen Faktoren nach *Bungartz* skizziert.

- Strategie und Philosophie:

Eine Risikostrategie muss ein dokumentierter und klar kommunizierter Bestandteil der Unternehmensstrategie sein. Eine passende Risikophilosophie ist von der Geschäftsführung ausgehend allen Unternehmensmitgliedern zu übertragen. Als Ziel *„muss eine risikobewusste Führungskonzeption angestrebt werden"*, die weder zu Angst- noch zu Leichtsinnsreaktionen führt.

- Führungsstil und -system

In Bezug auf Führungsstil und -system ist ein Gleichgewicht zwischen eigenverantwortlicher Risikobereitschaft und Kontrollstruktur für die Entscheidungsträger des Unternehmens zu finden. Es sollte risikobewusstes unternehmerisches Denken und Handeln eingefordert und zur Nutzung *„sich bietende(r) Chancen"* motiviert werden.

- Personal

Entscheidende Komponente ist es, die Mitarbeitenden von einer *„risikobewusste(n) Selbstkontrolle"* zu überzeugen, wodurch aktiv und proaktiv Risiken identifiziert und bewältigt werden können.

- Kommunikation

Ziel der Unternehmensführung sollte die Förderung eines durch hohe Qualität gekennzeichneten *„prozessübergreifenden Informationsaustausch(es)"* sein. Entscheidend hierfür ist eine transparente und positive Fehlerkultur, die eine schnelle Reaktion und flexible Anpassung des Risikomanagements ermöglicht. Das Nutzen von Chancen erfordert die gleiche offene Kommunikation wie das Management von Gefahren.

- Organisation und Prozess des Risikomanagements

In der Struktur des Risikomanagements sind Verantwortlichkeiten und Zuständigkeiten zu organisieren sowie das individuelle Risikobewusstsein aller Mitarbeitenden zu sensibilisieren. Voraussetzung hierfür ist die vollständige Akzeptanz der Systematik.

- Reaktion auf Umweltveränderungen

Die Risikokultur muss die Fähigkeit besitzen, kurzfristig und flexibel auf aus Umfeldveränderungen resultierende neue Chancen- und Gefahrensituationen zu reagieren. Verantwortlich für diese Reaktionsfähigkeit ist die Unternehmensleitung, eine Umsetzung wird jedoch erst durch *„flexible Strukturen im Risikomanagementsystem sowie die Kreativität und die Flexibilität"* aller Mitarbeitenden möglich.

Es sind der Risikokultur wie der Unternehmenskultur drei Wirkungsdimensionen zuzuordnen. Die *„Koordinationswirkung"* ergibt sich durch eine einheitliche Orientierungs-struktur, die den individuellen Umgang mit Risiken sowie gemeinschaftliche Abstimmungen erleichtert. Unter der *„Integrationswirkung"* versteht *Bungartz* die Einbindung jedes einzelnen Unternehmensmitglieds in einen risikobewussten Geschäftskontext, die ein per-sönliches Interesse für den Umgang mit Unternehmensrisiken weckt. Sehr ähnlich ist die *„Motivationswirkung"* zu beschreiben, bei der gemeinsame Wertvorstellungen das *„Zu-gehörigkeitsgefühl"* und die *„Sinnerkenntnis"* als ausgeprägte Motivationsfaktoren für die Mitarbeitenden steigern.

Erkenntnisse für die eigene Arbeit

Die Risikokultur als entscheidendes Kriterium für das Risikobewusstsein und Risikoma-nagement hat bereits *Ehrbar* beschrieben. Folgt man den Annahmen von *Bungartz* zur Beeinfluss- und Steuerbarkeit durch das Management, steht eine Auseinandersetzung mit der Risikokultur zum Aufbau eines umfassenden Risikomanagements außer Frage. Die Risikokultur besitzt für das Risikomanagement das Potenzial, Strukturen schlank zu halten, das Wirken im gesamten Unternehmen zu vergegenwärtigen und für die Mitarbeitenden einen erweiterten Motivations- und Integrationswert zu schaffen. Aus diesem Grund sind die oben genannten Faktoren der Risikokultur bei der Ausarbeitung eines umfassenden Risikomanagements konkret zu berücksichtigen. Die herausragende Verantwortung der Unternehmensleitung für die Gestaltung der Risikokultur ist zu berücksichtigen und in die Ziele sowie die Struktur der Systematik aufzunehmen.

Der Umfang und die Gestaltung der Risikokultur, die in Kap. 4 dieser Arbeit entwi-ckelt werden soll, liefert wichtige Rahmenbedingungen der in Kap. 5 auszuarbeitenden Freigabemethodik und -beschlussfassung.

5. Modelle oder Experten – wer ist der bessere Risikoschätzer?

von *Eva Lermer* und *Johannes Volt* (2019)

Ziel des Artikels

Ziel ist eine kritische Analyse der Argumentation, dass Expertenurteile tendenziell Schwä-chen haben und deswegen der Einsatz von Modellen für Bewertungen, Risikomanagement und Entscheidungen sinnvoller ist. Dieses geschieht vor dem Hintergrund kreditwirtschaft-licher Entscheidungen des Bankensektors, die sich durch häufige Unsicherheit bei Szena-rioanalysen und Stresstests sowie durch hohe Anforderungen an die Risikoquantifizierung der MaRisk (siehe Abschn. 2.3) auszeichnen.

Relevante Inhalte des Artikels

Für die Verwendung von Modellen spricht, dass sie *„objektiv, datenbasiert und wissen-schaftlich"* sind und sich leicht dokumentieren, strukturieren und validieren lassen. Bei

Expertenschätzungen handelt es sich um subjektive Annahmen, die i. d. R. leichter auszuführen sind, da sie auf komplizierte Analysen verzichten. Wesentliche Schwäche von Modellen ist die Gefahr von Scheingenauigkeiten, die insbesondere bei einer unvollkommenen Informationslage auftreten können. Da vielfach der Rückgriff auf umfangreiche historische Daten (*Lermer* und *Volt* nennen als Beispiel 500 Jahre für ein Risikomanagementmodell der Altersvorsorge) in strategischen Entscheidungssituationen nicht möglich ist, kann der Einsatz von Modellen nachteilig sein. Die unvollkommene Informationslage ist auch für Expertenschätzungen prägend, ihnen ist jedoch mithilfe ihres Fachwissens eine flexible Reaktion auf einen jeweils neuen Datenkontext möglich.

Zu berücksichtigen sind jedoch fehlerhafte Abweichungen von Expertenschätzungen, die aus *„kognitiven Verzerrungen"* resultieren. Diese können laut *Lermer* und *Volt* jedoch oftmals durch Kenntnis vermieden werden. Als weiterer Faktor nennen *Lermer* und *Volt* *„motivationale Verzerrungen"*, die sich vielfach in dem Wunsch nach Schutz oder der Erhöhung des Selbstwertes einer Person begründen. Zur Überwindung dieser Verzerrung ist neben der Kenntnis auch die Motivation zur Reduzierung oder Vermeidung notwendig.

Im Kontext von Expertenschätzungen ist ein geeignetes Mittel für eine Selbstreflexion der Motivation des Experten die Einforderung einer dokumentierten Begründung der Einschätzung. Diese Selbstreflexion kann über die *„Negativ-Evidenz-Strategie"* erfolgen, bei der Argumente gegen die eigene Einschätzung gefunden werden müssen. Dabei soll die ausschließliche Anwendung von *„qualifizierten Expertenschätzungen"* (wie im MaRisk benannt) angestrebt werden.

Die kritische Analyse von Expertenschätzungen gleicht teilweise der Validierung von Modellen. Somit kann ein Einsatz von Modellen bei umfangreicher Datenbasis sinnvoll erscheinen, jedoch ist die Bewertung der Modellergebnisse laut *Lermer* und *Volt* nur durch Experten möglich. Bei dieser Vorgehensweise besteht die Gefahr, dass die Modellergebnisse wiederholt zu kognitiven Verzerrungen des Expertenurteils führen.

Erkenntnisse für die eigene Arbeit
Die Analyse von *Lermer* und *Volt* zeigt Schwächen mathematisch-statistischer Modelle im Zusammenhang mit strategischen Entscheidungssituationen im Kontext des Risikomanagements auf. Ebenfalls werden Probleme und mögliche Lösungsansätze für Experteneinschätzungen in diesen Situation aufgezeigt. Der Zusammenhang zwischen Modellverwendung und anschließender Ergebnisauswertung durch Experten wurde in Ansätzen dargestellt. Der Artikel hat seinen Schwerpunkt im Risikomanagement kreditwirtschaftlicher Entscheidungen und ist vor dem Hintergrund aktueller und zurückliegender Entwicklungen im Bankensektor entstanden, jedoch lassen sich die wissenschaftstheoretischen Erkenntnisse auf sämtliche Entscheidungssituationen des Risikomanagements branchenunabhängig übertragen. Aktualität genießt die Thematik vor dem Hintergrund einer zunehmenden Digitalisierung interner Prozesse in Bauunternehmen.

Für den in Kap. 5 auszuarbeitenden Freigabeprozess sind diese Erkenntnisse zu berücksichtigen. Der Einsatz von Modellen bzw. anderen mathematisch-statistischen Auswertungsinstrumenten wie Kennzahlen und Leistungsindikatoren sowie der Umgang durch die Entscheidungsträger ist kritisch zu beleuchten. Darüber hinaus sind die Methoden zur kritischen Reflexion von (Experten-)Einschätzungen zu berücksichtigen, um eine effektive und sichere Zusammenarbeit und Ergebnisformulierung der Entscheidungsträger im Freigabeprozess zu ermöglichen.

In der folgenden Tab. 3.2 werden die aus der Untersuchung der wissenschaftlichen Veröffentlichungen hervorgehenden Arbeitsaufträge für die Entwicklung einer Risikomanagementsystematik gegliedert nach den jeweiligen Veröffentlichungen aufgeführt.

Tab. 3.2 Arbeitsaufträge aus dem Stand der Forschung für die Ausarbeitung eines umfassenden Risikomanagements. (Eigene Darstellung)

Betrachtete Veröffentlichungen	Thematische Kernpunkte	Arbeitsaufträge für die Ausarbeitung
1. *Schwandt*	• Forschungsergebnisse zum theoretischen Kenntnisstand und der praktischen Umsetzung des Risikomanagements in der Baubranche • Auswertung eines Hypothesenhefts anhand einer dreiteilig kombinierten Forschungsmethodik (Interviews, Fragebögen und Fallstudie) • Zielsetzung ist die Ausarbeitung einer Riskmap als Lösungskonzept für ermittelte Kenntnisdefizite.	Für Kap. 4 und 5: • Das Risikomanagementsystem muss risikobewusstes unternehmerisches Denken und Handeln fördern. • Hierfür ist die frühzeitige umfassende Information und Einbindung der Mitarbeitenden in den aktuellen Stand und Weiterentwicklungen vorzusehen. • Die Führungskompetenz des Top- und Middle-Management muss durch ein Vorleben des Risikomanagements gekennzeichnet sein. • Es ist die Verwendung einer einheitlichen Methodik und effektiver Instrumente sowie eine bereichs- und organisationsebenenübergreifende Kommunikation der Verantwortlichkeiten, Aufgaben und Ergebnisse zu etablieren.
2. *Mantke*	• Ermittlung und Untersuchung der Auswirkungen kognitiver Verzerrungen in strategischen Entscheidungsprozessen • Angewendete Methodik war die systematische Literatursuche und -auswertung von wissenschaftlichen Veröffentlichungen aus der Managementforschung und der Kognitionspsychologie. • Die Ausarbeitung gibt einen Überblick über Forschungsergebnisse und Modelle zur Erklärung strategischen Entscheidungsverhaltens.	Für Kap. 4: • Die Risikomanagementsystematik soll risikobewusstes unternehmerisches Denken und Handeln auch unter dem Aspekt kognitiver Limitierungen in komplexen Verhaltenssituationen ermöglichen bzw. verbessern. Für Kap. 5: • Der Freigabeprozess für das Neugeschäft ist so zu gestalten, dass möglichst wenige kognitive Verzerrungen das Risikobewusstsein der Entscheidungsträger beeinträchtigt.

(Fortsetzung)

Tab. 3.2 (Fortsetzung)

Betrachtete Veröffentlichungen	Thematische Kernpunkte	Arbeitsaufträge für die Ausarbeitung
3. Ehrbar	• Identifizierung und Erläuterung wesentlicher Erfolgsfaktoren für die erfolgreiche Abwicklung von Bauprojekten • Beschreibung von Projektanforderungen und Erläuterung von Erfolgsfaktoren zur erfolgreichen Erfüllung dieser Anforderungen • Erarbeitung von Kriterien und Merkmalen für ein erfolgreiches Projektrisikomanagement • Formulierung von kulturellen Anforderungen für das umzusetzende Projektrisikomanagement	Für Kap. 4 und 5: • Entwicklung einer Risikomanagementsystematik mit einfacher Anwendung, frühestmöglichem und projektspezifischem Einsatz und der Verwendung als stufengerechtes Führungsinstrument • Förderung des individuellen Risikobewusstseins durch kritische Reflexion des Einsatzes von mathematisch-statistischen Modellen
4. Bungartz	• Beschreibung der Risikokultur als entscheidendes Kriterium für die Wirksamkeit einer Risikomanagementsystematik • Erläuterung der drei Ebenen einer Risikokultur, verschiedener Faktoren, die auf diese Ebenen Einfluss nehmen und der drei Wirkungsdimensionen der Risikokultur • Beschreibung konkreter Anforderungen an die Anpassung und Ausrichtung risikokultureller Aspekte für die erfolgreiche Umsetzung einer Risikomanagementsystematik	Für Kap. 4: • Einbindung einer geeigneten Risikokultur in die Risikomanagementsystematik unter Berücksichtigung der Faktoren Strategie und Philosophie, Führungsstil und -system, Personal, Kommunikation, Organisation und Prozesse sowie Reaktion auf Umweltveränderungen • Ausarbeitung der Verantwortung der Unternehmensleitung für die Gestaltung der Risikokultur in Form von Zielen und Struktur der Systematik Für Kap. 5: • Umfang und Gestaltung der kulturellen Aspekte des Risikomanagements in die Systematik liefern die Rahmenbedingungen für die Freigabeprozesse
5. Lermer und Volt	• Kritische Analyse von Expertenurteilen und Einsatz von Modellen für Bewertungen, Risikomanagement und Entscheidungen vor dem Hintergrund kreditwirtschaftlicher Arbeitsabläufe im Bankensektor • Erläuterung von kognitiven und motivationalen Einflüssen im Kontext von Expertenschätzungen und Modellauswertungen sowie geeigneten Lösungskonzepten	Für Kap. 4: • Kritische Beleuchtung des Einsatzes von mathematisch-statistischen Auswertungsmethoden wie z. B. Kennzahlen und KPIs Für Kap. 5: • Methoden der kritischen Reflexion von Experteneinschätzungen sind auf die Entscheidungssituation der Freigabeprozesse zu übertragen.

Literatur

Bungartz, O. *Risikokultur – „Soft Skills" für den Umgang mit Risiken im Unternehmen*, Zeitschrift Risk, Fraud & Governance, Heft Nr. 4, 2006

Ehrbar, H. *Risiken in Planung und Ausführung – Identifikation und Lösungsansätze: Beiträge zum Braunschweiger Baubetriebsseminar vom 17. Februar 2017 – Notwendigkeit zur Etablierung von Risikomanagement-Prozessen*, Konferenzschrift, Technische Universität Braunschweig, 2017

Heim, S. *Rationales Entscheiden im Rahmen der Kreditaufnahme*, Dissertation, Technische Universität Ilmenau, 2019

Lermer, E., Volt, J. *Modelle oder Experten – wer ist der bessere Risikoschätzer?*, Zeitschrift für das gesamte Kreditwesen, Heft Nr. 7, 2019

Mantke, L. *Kognitive Verzerrungen im strategischen Entscheidungsprozess*, Bachelorarbeit, Katholische Universität Eichstätt-Ingolstadt, 2017

Schwandt, M. *Risikomanagement im Projektgeschäft – Entwicklung einer Riskmap für die Projektabwicklung in der Baubranche unter Berücksichtigung des Risikokreislaufs und des Projektlebenszyklus,* Thesenheft zur Ph. D. Dissertation, Universität Miskolc – Fakultät für Betriebswirtschaft, 2016

Definition und Darstellung eines umfassenden Risikomanagements

4

In diesem Kapitel wird in einem ersten Schritt auf Basis der erarbeiteten Grundlagen und dem Stand der Forschung eine eigene Definition für ein umfassendes Risikomanagement vorgestellt. Ausgehend von dieser Definition werden anschließend Ziele, Aufgaben, Kompetenzen, Methoden und Instrumente sowie die Einbindung in eine unternehmerische Organisationsstruktur ausgearbeitet. In den einzelnen Unterkapiteln wird jeweils auch auf besondere Herausforderungen im Kontext einer Konzernstrukturveränderung eingegangen.

4.1 Definition

Ein umfassendes Risikomanagement ist nach Definition im Rahmen dieser Arbeit durch eine ganzheitliche Betrachtung sämtlicher Ziele, Aufgaben und Herausforderungen im Umgang mit Risiken eines Unternehmens gekennzeichnet. Es versteht sich als zentraler Bestandteil unternehmerischen Denkens und Handelns, für den alle Mitglieder eines Unternehmens sensibilisiert, verpflichtet und motiviert werden müssen. Grundlegende Voraussetzung für den langfristigen Erfolg eines Unternehmens ist die Notwendigkeit einer umfassenden Betrachtung von Risiken aus dem unternehmensexternen und -internen Umfeld sowie deren Wechselwirkungen. Besondere Berücksichtigung findet die Wahrnehmung von und der Umgang mit komplexen Entscheidungssituationen, die individuell verschiedenen Einflüssen und Verzerrungen unterliegen. Diesen kann nicht ausschließlich durch eine einheitliche Struktur, sondern nur mithilfe einer abgestimmten holistischen Risikokultur begegnet werden.

© Der/die Autor(en), exklusiv lizenziert an Springer Fachmedien Wiesbaden GmbH, ein Teil von Springer Nature 2023
J. Bär, *Aufbau eines umfassenden Risikomanagements*, Entwicklung neuer Ansätze zum nachhaltigen Planen und Bauen, https://doi.org/10.1007/978-3-658-40993-7_4

4.2   Ziele

In diesem Unterkapitel werden die Ziele eines umfassenden Risikomanagements vorgestellt. Analog zum allgemeinen Managementprozess, an dessen Beginn die Festlegung von Zielen steht, dient die Entwicklung und Formulierung der Ziele des umfassenden Chancen- und Risikomanagements als Grundlage für die Erarbeitung von Aufgaben, Einbindung in die Organisationsstruktur, Kompetenzen sowie Methoden und Instrumenten.

Nach dem Konzept des St. Galler Managementmodells werden die Ziele in einen Kontext zu den drei Managementebenen (normativ, strategisch und operativ) gesetzt. Bezogen auf Zielsetzungen bildet das normative Management langfristige und generelle aus der Unternehmensvision abgeleitete Ziele ab. Auf der strategischen Ebene werden diese Ziele in Form von Programmen wie der Geschäftsplanung auf den Kontext der Geschäftstätigkeit übertragen und auf der operativen Ebene mit geeigneten Zielsetzungen im betrieblichen Leistungserstellungs- und Verwertungsprozess umgesetzt. (Zink 2004)

In einem anschließenden Schritt erfolgt auch die von *Vanini* und *Rieg* (2021) geforderte Einordnung und Hierarchisierung gegenüber anderen Unternehmenszielen.

Unstrittiges oberstes Ziel eines Risikomanagements ist die langfristige Sicherung des Unternehmensfortbestandes durch Vermeidung der Insolvenz (Ziel 1). Dafür muss die Vermögensauszehrung verhindert und die Zahlungsfähigkeit eines Unternehmens gewährleistet sein. Ausgehend von dieser Maxime ist als weiteres Ziel für das Risikomanagement die Optimierung der Geschäftsergebnisse in Form einer Steigerung des Gewinns bzw. Erhöhung der Umsatzrendite durch ein verbessertes Gefahren-Chancen-Verhältnis zu nennen (Ziel 2). (Vanini und Rieg 2021; Gleißner 2011)

Übertragen auf die Zielsetzungen der einzelnen Managementebenen lassen sich für ein Unternehmen im Projektgeschäft folgende Ziele formulieren:

Die Tab. 4.1 zeigt, welche Ziele für die Risikokultur auf der normativen Managementebene erreicht werden müssen, um die notwendigen Voraussetzungen für die Umsetzung der strategischen und operativen Ziele zu schaffen. Entsprechend umfangreich sind die daraus abzuleitenden Aufgaben. Ebenfalls zu erkennen ist die Tragweite der Auswirkungen dieser Ziele auf sämtliche Bereiche einer Organisation.

Für eine erfolgreiche Umsetzung der Risikoziele ist eine Analyse der Beziehung zu anderen Unternehmenszielen sowie eine Hierarchisierung notwendig. Hier werden beispielhaft ein leistungswirtschaftliches Ziel wie die Steigerung der Produktivität, finanzielle Ziele wie die Steigerung des Umsatzes und des Gewinns sowie ein soziales Ziel wie die Sicherung bestehender Arbeitsplätze betrachtet. Eine kurzfristige Steigerung der Produktivität oder des Umsatzes kann durchaus konkurrierend oder antinomisch zu den oben genannten Risikozielen stehen. Im Bauprojektgeschäft konzentriert sich die Geschäftstätigkeit in der Regel auf einige wenige – im Verhältnis zum Unternehmensumsatz – große Projekte. Eine schnelle Akquise im Neugeschäft kann somit zu hohen Umsatzsteigerungen und einer hohen Produktivität führen, wenn diese für das Bauprojektgeschäft als Auslastung pro Mitarbeiter verstanden wird. Das Risikoziel der Existenzsicherung wie

Tab. 4.1 Ableitung normativer, strategischer und operativer Ziele aus den übergeordneten Zielsetzungen des umfassenden Risikomanagements. (Eigene Darstellung)

Managementebene	Ziel 1	Ziel 2
Normativ	Unternehmensgefährdende Risiken erhalten die besondere Aufmerksamkeit aller Unternehmensmitglieder und werden ohne Verzögerung an das und innerhalb des Managements kommuniziert, gewürdigt und gehandhabt	Fortlaufende Optimierung des wirtschaftlichen Erfolgs durch transparente Risikokommunikation, Fehler- und Schwächenkultur, selbstständigen und präventiven Umgang mit Risiken sowie Bereitschaft zur kontinuierlichen Verbesserung. Hierzu gehört auch ein ausgeprägter Erfahrungsaustausch zwischen allen Mitarbeitenden und Managementmitgliedern
Strategisch	Fortlaufende Wahrung der Zahlungsfähigkeit durch Minimierung auftretender Gefahren. Frühzeitiges Erkennen und Nutzen von Chancen zur Gewinnerzielung und Sicherung der Liquidität	Optimierung des Gefahren-Chancen-Verhältnisses des Leistungserstellungs- und Verwertungsprozesses durch Akquise und Leistungsabwicklung von Projekten mit beherrschbaren Gefahren Kontinuierliche Senkung von Kosten für Fehler und Rückstellungen für Gefahren im Projekt
Operativ	Integration und intensive interdisziplinäre Zusammenarbeit des Risikomanagement mit dem Controlling, Qualitätsmanagement, Einkauf, Arbeitsvorbereitung und weiteren Zentralabteilungen Entwicklung und Anwendung von Kennzahlen und KPIs als wirksame Indikatoren zur Überwachung der Insolvenzgefahr	Identifikation, Kommunikation, Analyse, Bearbeitung, Monitoring und Handhabung bereits bekannter und zukünftig auftretender Projektrisiken Einführung und Umsetzung einer risikobewussten Systematik zur Auswahl von neuen Projekten

auch eine Optimierung des Gefahren-Chancen-Verhältnisses erfordern hingegen die langfristige Betrachtung von Projektrisiken vor der Akquise. Somit wirken die Risikoziele mitunter einem schnellen Umsatzwachstum entgegen, ermöglichen jedoch die langfristige wirtschaftliche Tätigkeit und sind damit meist für grundlegende Anforderungen und Aufgaben des Unternehmens entscheidend. Die Sicherung von Arbeitsplätzen steht i. d. R. nicht in Konkurrenz zu den genannten Risikozielen. Eher ist das Erreichen dieser Risikoziele Voraussetzung für einen langfristigen Erhalt der Arbeitsplätze. Das fortlaufende Erreichen aller Unternehmensziele ist also nur durch Berücksichtigung der Risikoziele möglich.

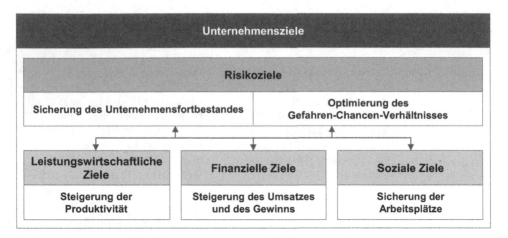

Abb. 4.1 Hierarchisierung beispielhafter Unternehmensziele. (Eigene Darstellung in Anlehnung an *Vanini* und *Rieg* (2021))

In Abb. 4.1 stellt die Bedeutung der beiden übergeordneten Risikoziele des umfassenden Risikomanagements im Verhältnis zu den anderen Unternehmenszielen dar.

Risikoziele sollten für ihre Anwendung mit wertspezifischen Vorgaben konkretisiert werden. Entscheidende Kenngrößen, die von der Unternehmensleitung quantifiziert werden müssen sind Risikoappetit, der das gewünschte Verhältnis zwischen erwarteter Rentabilität und erwarteten Risiken für die Geschäftstätigkeit beschreibt, Risikotoleranz, die die gewünschte Grenze der maximal einzugehenden Gefahren beschreibt und Risikotragfähigkeit, die die Grenze der maximal möglichen Höhe der einzugehenden Gefahren beschreibt. (Vanini und Rieg 2021)

Diese Kenngrößen sollten in Abhängigkeit des Eigenkapitals jeweils auf Projektebene und Gesamtunternehmensebene verbindlich festgelegt werden. Abb. 4.2 zeigt den Zusammenhang zwischen Rendite und Risiko sowie die drei festzulegenden Kenngrößen. Beispielhaft sind mit den Projekten A bis C Situationen dargestellt, für die das Unternehmen Investitionen tätigen könnte. Projekt A ist ohne Einschränkungen dem Investitionsbereich zuzuordnen und Projekt B durch ein negatives Verhältnis von Rendite und Risiko klar dem Nicht-Investitionsbereich. Projekt C liegt gemessen am Risikoappetit im Investitions- bzw. Akquisitionsbereich, jedoch über der Grenze der Risikotoleranz. Für solche Fälle ist ein geeignetes Vorgehen festzulegen, das dieses erhöhte Risiko explizit würdigt.

Besondere Herausforderung im Kontext einer Konzernstrukturveränderung
Eine Konzernstrukturveränderung, bei der es sich um eine Erweiterung durch Integration weiterer Unternehmen handelt, stellt in Bezug auf die Risikoziele eine besondere Aufgabe dar, weil Unternehmens- und Risikoziele einen hohen Individualisierungsgrad

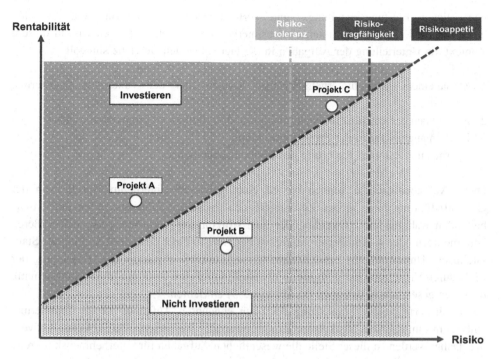

Abb. 4.2 Einordnung von Projekten im Zusammenhang zwischen Rendite und Risiko. (Eigene Darstellung in Anlehnung an *Vanini* und *Rieg* (2021))

aufweisen und somit abweichend bis zu konträr zwischen Unternehmen seien können. Starke Unterschiede ergeben sich aus einem individuellen Risikoappetit, der einen erheblichen Einfluss auf die jeweiligen Unternehmens- und Risikoziele hat. Konkret müssen bei einer Konzernstrukturveränderung die Beziehungen sämtlicher Unternehmensziele aller Geschäftsbereiche und Unternehmenseinheiten analysiert und aufeinander abgestimmt werden. Hierbei sollte auch eine Ableitung der Zielsetzungen auf die drei Managementebenen erfolgen, insbesondere die als Basis fungierende normative Ebene sollte in den Bereichen Vision, Kultur und Zielen frei von Widersprüchen sein.

Die Kenngrößen Risikoappetit, -tragfähigkeit und -toleranz müssen im Zuge einer Konzernstrukturveränderung ebenfalls an die neue Eigenkapitalausstattung sowie die Risikobereitschaft der neuen Eigentümer angepasst werden.

4.3   Aufgaben

In diesem Unterkapitel werden die zentralen Aufgaben des umfassenden Risikomanagements dargestellt. Für die Umsetzung der beiden übergeordneten Risikoziele im betrieblichen Leistungserstellungs- und Verwertungsprozess des Bauprojektgeschäfts unter Berücksichtigung des unternehmensinternen und -externen Umfelds ist in diesem Kontext die Unterteilung der Aufgaben in die vier folgenden Bereiche sinnvoll:

1. Management gesamtunternehmerischer Risiken aus dem unternehmensexternen Umfeld
2. Risikomanagement für Projektakquisition und -kalkulation (Projektneugeschäft)
3. Risikomanagement in der Projektabwicklung
4. Internes und externes Reporting des Risikomanagements.

Diese Aufgabenbereiche können bis zu einer gewissen Unternehmensgröße von der Geschäftsführung bzw. in der Zusammenarbeit zwischen Führungskräften und Mitarbeitenden wahrgenommen werden. Für eine strukturierte Vorgehensweise bei größeren Unternehmen oder in Konzernstrukturen ist der Aufbau einer eigenen Abteilung als Stabsstelle der Unternehmens- bzw. Konzernleitung sinnvoll. Sie kann eine Erreichung der Ziele durch Umsetzung der Aufgaben sicherstellen und eine Risikomanagementsystematik nach den gesetzlichen Vorgaben (s. Abschn. 2.3) einrichten.

Für die erfolgreiche Umsetzung der oben genannten Aufgaben ist die Etablierung einer zum umfassenden Risikomanagement passenden holistischen Risikokultur notwendig. Daher werden an dieser Stelle die wesentlichen Aufgaben für unternehmenskulturelle Aspekte des Risikomanagements erarbeitet.

Die Leitlinien der Risikokultur können von verschiedenen Ebenen des Managements oder internen und externen Experten ausgearbeitet, jedoch lediglich von der Leitung des Unternehmens bzw. des Konzerns implementiert werden. Entscheidend für den Erfolg der Umsetzung ist die Sensibilisierung, Motivation und Verpflichtung aller Führungskräfte und Mitarbeitenden für sämtliche Aspekte der Risikokultur durch die Geschäftsführung als „*Kulturträger*" (Bungartz 2006).

Zunächst ist die Übertragung der Verantwortung für ein fortlaufend risikobewusstes Denken und Handeln auf jeden Mitarbeitenden notwendig. Dieser Ansatz ist eng verbunden mit einer positiv geprägten Fehlerkultur, die einen transparenten Umgang mit identifizierten Fehlern und deren Ursache in inner- und außerbetrieblichen Arbeitsprozessen ermöglicht. Ein positiver Umgang mit Fehlern und Risiken wird möglich durch eine hohe Selbstverantwortung der Mitarbeitenden, die beratend von ihren Führungskräften und ihrem Arbeitsteam bei der Lösungsfindung unterstützt werden. Für eine Risikoprävention ist ein offener Umgang mit den Stärken und Schwächen jedes Mitarbeitenden wie auch der Unternehmenseinheiten notwendig. Gleichzeitig sollten die Führungskräfte zur kontinuierlichen Verbesserung durch Beseitigung von Fehlerursachen und Unsicherheiten sowie zur Nutzung sich bietender Chancen motivieren. Diese Vorgehensweise entspricht den Anforderungen für ein erfolgreiches Risikomanagement, die sich aus den Forschungsergebnisse von *Schwandt* (2016) ergeben. Durch einen transparenten Umgang mit Fehlern,

Schwächen und Unsicherheiten können die von *Mantke* (2017) beschriebenen kognitiven Verzerrungen besser erkannt und berücksichtigt werden.

Zweite wesentliche Aufgabe ist die Förderung eines *„prozessübergreifenden Informationsaustausch(es)"* zu bereits identifizierten sowie potenziellen Gefahren und Chancen (Bungartz 2006). Für die projektbezogene Risikokommunikation ist ein geeignetes EDV-gestütztes Risikomanagementsystem zu verwenden, auf welches im Unterkapitel 4.6 näher eingegangen werden soll.

Die letzte übergeordnete Aufgabe für die Risikokultur bezieht sich auf eine flexible Reaktionsfähigkeit auf durch Umweltveränderungen induzierte neue Gefahren- und Chancensituationen. Wie diese in Form einer adressatengerechten Kommunikation umgesetzt und in das Risikomanagementsystem integriert werden kann, wird bei der folgenden Aufgabe des Risikomanagements erläutert.

Management gesamtunternehmerischer Risiken aus dem unternehmensexternen Umfeld

Entwicklungen und Veränderungen aus dem unternehmensexternen Umfeld stellen eine veränderte Gefahren- und Chancenlage für ganze Geschäftszweige oder das gesamte Unternehmen dar und sind deshalb vom Risikomanagement besonders zu beachten. Sie haben maßgeblichen Einfluss auf die Randbedingungen des Projektneugeschäfts wie auch auf die Abwicklung laufender Bauprojekte, wobei beide Bereiche in Bezug auf Ressourcen und Kapazitäten voneinander abhängen. Als bedeutende Beispiele für makroökonomische Risikosituationen gelten die Finanzkrise von 2008/2009, die Rezession und Lieferkettenproblematik im Zusammenhang mit der Coronapandemie sowie der kriegerische Konflikt zwischen Russland und der Ukraine. Die beiden zuletzt genannten Entwicklungen führten bzw. führen in der Baubranche zu deutlichen Preissteigerungen aufgrund von Materialengpässen und Problemen bei der fossilen Energieversorgung. Als potenzielle Chance erweist sich aktuell der Geschäftszweig der energetischen Sanierung von Bestandsgebäuden.

Veränderten Gefahren- und Chancenlagen ist von der Unternehmensleitung mit einer entsprechenden strategischen Planung und Vorgaben zur operativen Umsetzung zu begegnen. Die Identifikation, Analyse, Bewertung, Behandlung und Überwachung dieser Risiken ist Aufgabe des Risikomanagements, welches hierfür Analyseberichte und Handlungsempfehlungen für die Geschäfts- bzw. Konzernführung ausarbeitet. Um einzelne Unternehmenseinheiten wie Niederlassungen, Tochterunternehmen und Projekte zu erreichen, sollten sich die Analyseberichte auch an die Leitungen dieser Einheiten richten. Für eine Austauschinteraktion erstellen die Unternehmenseinheiten Reaktionsberichte zu laufenden Projekten und werten diese gemeinsam mit den übergeordneten Managementebenen im Rahmen von Quartalsgesprächen aus. Mit dieser Vorgehensweise wird der kognitiven Verzerrung des *„Escalating Commitment"* (Mantke 2017) effektiv begegnet. Darüber hinaus können die von *Ehrbar* aufgezeigten Anforderungen an die Risikomanagementsystematik mit einem frühestmöglichen und projektspezifischen Einsatz erfüllt werden. Im Sinne eines hohen

Risikobewusstseins sämtlicher Unternehmensmitglieder sind die Analyseberichte des Risikomanagements aufzubereiten und die Informationen für alle Mitarbeitenden in geeigneter Form zu veröffentlichen.

Für die Auswirkungen der vom Risikomanagement betrachteten gesamtunternehmerischen Entwicklungen auf das Projektneugeschäft ist eine geeignete Form der Risikoidentifikation und -quantifizierung im Prozess der Akquisition und Kalkulation zu finden. Das folgende Unterkapitel und die Ausarbeitung der Freigabeprozesse im Kap. 5 beschreiben ein geeignetes Verfahren.

Risikomanagement für Projektakquisition und -kalkulation

Die Phase von der Marktbeobachtung bis zum Vertragsabschluss (Projektneugeschäft) ist für das Risikomanagement im Bauprojektgeschäft im betrieblichen Leistungserstellungs- und Verwertungsprozess von besonderer Bedeutung. Hier entscheidet sich aufgrund der Langfristigkeit des Projektgeschäfts die Gefahren- und Chancenlage für mehrere Geschäftsjahre. In der Neugeschäftsphase müssen die unterschiedlichen Interessen, Motivationen, Perspektiven und Kenntnisse einer Vielzahl an beteiligten Personen in Einklang gebracht werden. Sie ist für ein umfassendes Risikomanagement differenziert nach Projektgröße bzw. -art einheitlich zu strukturieren.

Konkrete Aufgabenstellungen sind hierbei die Identifikation und Eliminierung von Projekten mit einem ungünstigen Gefahren-Chancen-Verhältnis, das Erkennen und Beseitigen von Widersprüchen in Kalkulations- oder Vertragsunterlagen sowie die Beratung der Projektverantwortlichen zur Gefahrenbewältigung und Chancennutzung (Huch und Tecklenburg 2001).

Das Projektneugeschäft lässt sich in sieben Teilprozesse unterteilen, von denen zwei Prozesse die Genehmigung zur Fortführung des Arbeitsablaufes (Freigabeprozesse) darstellen. Nach der Freigabe der Angebotsbearbeitung im dritten Teilprozessschritt erfolgt die Investition in die Kalkulation und Anfertigung eines Angebots für das Projekt. Mit dem zweiten Freigabeprozess wird die Angebotsabgabe genehmigt und damit die Willenserklärung zum Vertragsabschluss formuliert. In den Freigabeprozessen entscheidet sich zum einen der Erfolg des Projektes in der Neugeschäftsphase sowie zum anderen der langfristige Erfolg des Unternehmens, der sich an der tatsächlichen Umsetzung der wirtschaftlichen Erwartungen in der Projektabwicklung bemisst. Abb. 4.3 stellt diesen Prozessablauf grafisch dar.

Die Freigabeprozesse sind einem gewissen Spannungsfeld ausgesetzt, das sich aus den allgemeinen Ziel- bzw. Interessenskonflikten des Risikomanagements in der unternehmerischen Entscheidungsfindung (s. Abschn. 2.2) ableitet. Eine nähere Betrachtung dieses Spannungsfeldes erfolgt anhand von konkreten Beispielen in Abschn. 5.1.

Risikomanagement in der Projektabwicklung

Das Risikomanagement in der Projektabwicklung beinhaltet die Überwachung und Kontrolle identifizierter Gefahren sowie die Nutzung identifizierter Chancen mit den dazu

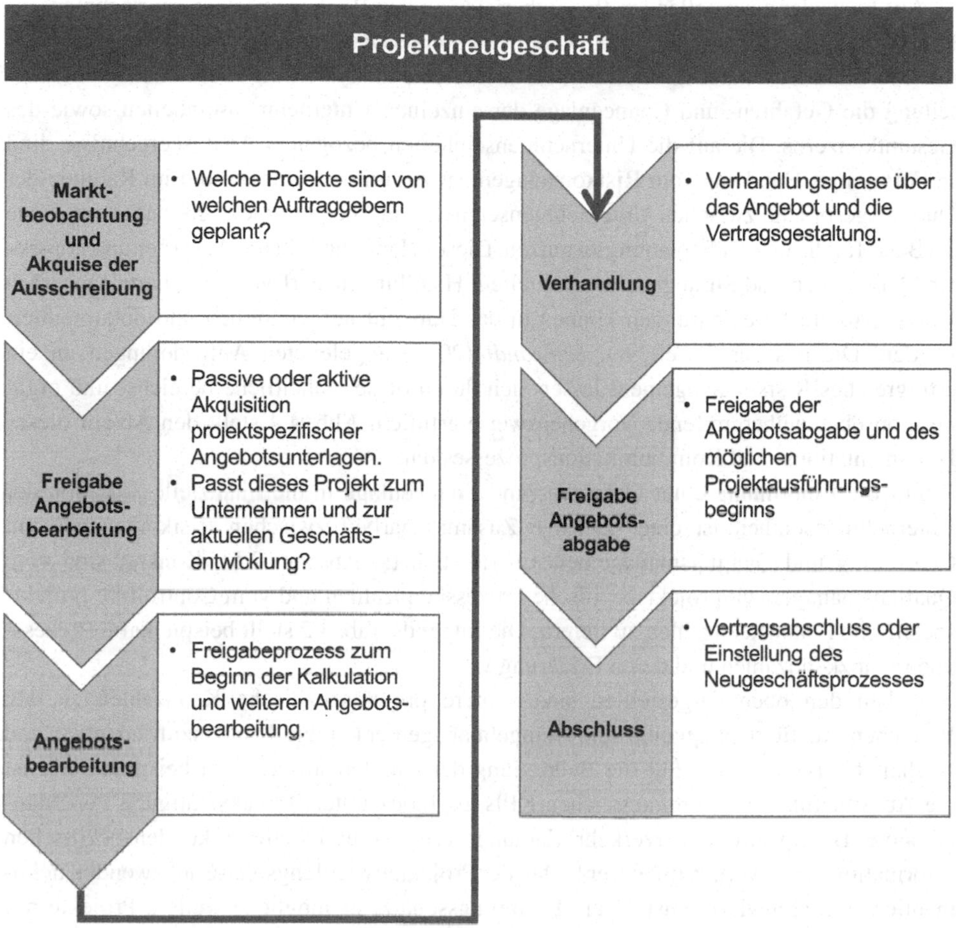

Abb. 4.3 Prozessablauf des Projektneugeschäfts. (Eigene Darstellung in Anlehnung an *Girmscheid* (2014))

gewählten Maßnahmen der Risikobehandlung (s. Abschn. 2.1). Zusätzlich ist der Risiko-managementprozess iterativ für neue Gefahren und Chancen auszuführen, insbesondere im Kontext der oben genannten Entwicklungen des unternehmensexternen Umfelds. Die Verantwortung für die Umsetzung geplanter Maßnahmen zur Risikobehandlung wie auch die Fortführung des Risikomanagementprozesses obliegen den Mitarbeitenden und Füh-rungsverantwortlichen der einzelnen Projekte. Die Risikomanagementabteilung steht hier mit ihrer fachspezifischen Expertise auf Abruf durch die Projektleitung bzw. Leitung der Unternehmenseinheit beratend zur Verfügung. Voraussetzung dafür ist eine gelebte positive Fehler- und Risikokultur.

Auf Basis der zu erstellenden Projektberichte zu den Risiken aus dem unternehmensexternen Umfeld, einer strukturierten Dokumentation des Risikomanagementprozesses durch die Unternehmenseinheiten und der Quartalsberichte analysiert die Risikomanagementabteilung die Gefahren- und Chancenlage der einzelnen Unternehmenseinheiten sowie des Gesamtkonzerns. Die auf die Unternehmenseinheiten bezogenen Analyseergebnisse sind in Form eines Handouts vom Risikomanagement zusammenzufassen und im Rahmen der Quartalsgespräche zwischen Unternehmenseinheit und übergeordneter Managementebene als Basis für die Geschäftsplanung zu nutzen. Dieses Handout sieht die Ausarbeitung konkreter Maßnahmen und Strategien zu ermitteltem Handlungsbedarf vor. Im Quartalsgespräch hierzu erfolgte Vereinbarungen können in das Handout aufgenommen und dokumentiert werden. Die aus der Arbeit von *Schwandt* (2016) abgeleiteten Anforderungen an ein erfolgreiches Risikomanagement lassen sich durch diese einheitliche bereichs- und organisationsebenenübergreifende Vorgehensweise erfüllen. Abb. 4.4 stellt den Ablauf dieses Dokumentations- und Kommunikationsprozesses dar.

Für die Einordnung einer Gefahren- und Chancenlage in die finanzielle Situation der Unternehmenseinheit ist eine intensive Zusammenarbeit zwischen Risikomanagement, Controlling und Qualitätsmanagement unerlässlich (s. Abschn. 2.5). Konkret sind vom Qualitätsmanagement projektspezifische Prozesskennzahlen und vom Controlling projektspezifische Finanzkennzahlen zu liefern. Die folgende Tab. 4.2 stellt beispielhafte Prozess- und Finanzkennzahlen und deren Erklärung vor.

Neben den oben dargestellten sind weitere projektspezifische Kennzahlen zu den Bereichen Ausführungsqualität und Mängelmanagement sowie Kundenzufriedenheit und -verhalten auszuarbeiten. Für die Beurteilung der Kundenzufriedenheit beispielsweise ist die Ausarbeitung eines umfangreichen KPIs als Index unter Berücksichtigung von Mängelquote, Beschwerdeschriftverkehr, Zahlungsverhalten und weiteren kundenspezifischen Informationen sinnvoll. Wird dieser KPI in der Projektabwicklungsphase angewendet, dokumentiert und archiviert, entsteht ein Erfahrungsschatz für mögliche weitere Projekte mit diesem Kunden. Die Ergebnisse können dann als Referenzwerte in einen weiteren Neugeschäftsprozess einfließen und maßgeblich Freigabeentscheidungen, Kalkulationsverhalten oder Vertragsverhandlungen bestimmen. Auf den Einfluss der projektspezifischen und gesamtunternehmerischen Kennzahlen auf die Freigabeprozesse wird in Kap. 5 eingegangen.

Geeignete Kennzahlen zur Gefahren- und Chancenlage der Gesamtunternehmung werden mit der folgenden Aufgabe des Risikomanagements beschrieben.

Internes und externes Reporting des Risikomanagements
Die externen Reporting-Verpflichtungen eines Unternehmens bzw. Konzerns zur Risikosituation und Risikomanagementsystematik richten sich nach den gesetzlichen Anforderungen des KonTraG und des BilMoG (s. Abschn. 2.3). Das externe Reporting dient der Information des unternehmensexternen Umfelds z. B. Kunden, Fremdkapitalgeber, Nachunternehmer sowie der Eigentümer, vor allem wenn die Eigentümerstruktur einem kontinuierlichen

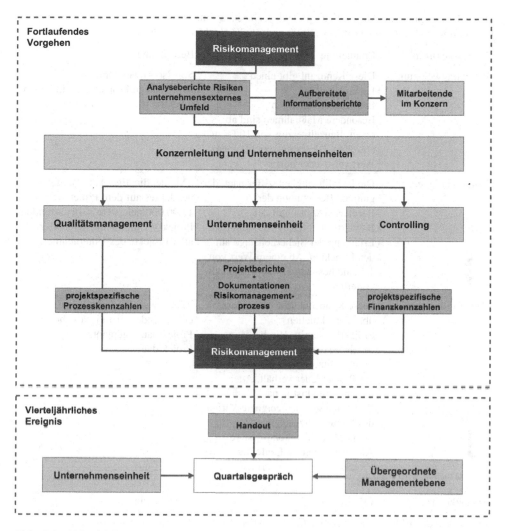

Abb. 4.4 Ablauf dokumentierte Kommunikationssystematik des Risikomanagements. (Eigene Darstellung)

Wechsel unterliegt (z. B. Aktiengesellschaft mit börsengehandelten Anteilen in Streubesitz). Im Zuge der Jahresabschlussprüfung wird die Systematik zur Erkennung und Überwachung von Risiken überprüft und eine dokumentierte Prognoseberichterstattung zur Gefahren-Chancen-Lage gefordert. Das interne Reporting eines umfassenden Risikomanagements übertrifft diese gesetzlichen Anforderungen deutlich. Neben den bereits genannten Berichten und Dokumentationen auf der Projektebene hat das Risikomanagement die Gefahren-Chancen-Lage des gesamten Konzerns zu erfassen und in einem strukturierten Reporting-Prozess an die Konzernleitung zu kommunizieren.

Tab. 4.2 Beispielhafte Auswahl von projektspezifischen Finanz- und Prozesskennzahlen. (Eigene Darstellung in Anlehnung an *Wöltje* (2021) und *ZECH Hochbau AG* (2022))

Prozesskennzahl	Erläuterung	Berechnung
Bauzeitabweichungen	Diese Kennzahl gibt einen Überblick über Bauzeitabweichungen Besondere Maßnahmen sind ab einem Bauzeitverzug von 10 % zu ergreifen. Dieses entspricht einem Wert von 1 oder höher	Soll-Ist-Abweichung in Arbeitstagen/Projektdauer in Tagen x Faktor 10
Unfallhäufigkeit	Die Unfallhäufigkeitsziffer nach der gültigen Berechnung der Berufsgenossenschaft der Bauwirtschaft (BG BAU) dient zur Erfassung der Sicherheitslage auf den Projekten. Ab einem Wert von 1,1 sind besondere Maßnahmen zu ergreifen	(Meldepflichtige Arbeitsunfälle des Jahres auf dem Projekt × 1.000.000/geleistete Arbeitsstunden Projekt)/ Unfallhäufigkeitsziffer aller Projekte des Unternehmens
Fertigstellungsgrad	Diese Kennzahl gibt Aufschluss über den aktuellen Projektfortschritt. Hierbei ist zu beachten, dass sich der Fertigstellungsgrad nicht kollinear zur Projektdauer verhält. Aus diesem Grund ist je nach Projektphase eine geeignete Varianz des Wertes vorzusehen. Grundsätzlich sollten negative Abweichungen im Laufe der Projektdauer immer geringer werden	(Fertiggestellte Leistung/zu erbringende Leistung)/(bisherige Projektdauer/geplante Projektdauer)
Finanzkennzahl	Erläuterung	Berechnung
Operativer Cash-Flow	Der operative Cash-Flow ist das Ergebnis der Stromgrößenrechnung des jeweiligen Projekts. Bei einem negativen Ergebnis über einen längeren Zeitraum bzw. einem hohen negativen Ergebnis sind besondere Maßnahmen zur Liquiditätssicherung zu ergreifen	Jahresüberschuss bzw. Jahresfehlbetrag + Abschreibungen und Wertberichtungen – Zuschreibungen zugunsten des Ergebnisses + Erhöhungen der langfristigen Rückstellungen – Verminderung der langfristigen Rückstellungen (Wöltje 2021)

(Fortsetzung)

Tab. 4.2 (Fortsetzung)

Finanzkennzahl	Erläuterung	Berechnung
Nachtragsquote	Diese Kennzahl beschreibt die wertmäßige Nachtragsentwicklung eines Projekts. Ab einem Wert von 10 sind besondere Maßnahmen zu ergreifen, um das Gefahren-Chancen-Verhältnis der Nachtragsentwicklung in seiner Gesamtheit zu bewerten	Nachtragssumme/Auftragssumme $\times$ 100
Hochrechnungsergebnis bis zum Projektende	Diese Kennzahl stellt das aktuell hochgerechnete operative Betriebsergebnis bis zum Ende des Projektes im Verhältnis zum geplanten Betriebsergebnis dar Bei signifikanten negativen Abweichungen sind besondere Maßnahmen zu ergreifen	Hochgerechnetes Betriebsergebnis/geplantes Betriebsergebnis

In diesem Reporting-Prozess sind quartalsweise zweiteilige Managementberichte zu erstellen. Den ersten Teil bildet die finanzwirtschaftliche Analyse der einzelnen Unternehmenseinheiten sowie des gesamten Konzerns durch das Controlling und die Abteilungen Finanzen, Steuern und Rechnungswesen. Der zweite Teil des Berichts ist eine zusammenfassende Bewertung der Risikosituation des Unternehmens durch das Qualitätsmanagement und das Risikomanagement. Diese Bewertung berücksichtigt neben den Darstellungen des ersten Berichtsteils nicht-finanzwirtschaftliche Entwicklungen, Informationen und Daten aus den Konzernbereichen Personal, Einkauf, Arbeits- und Gesundheitsschutz, Umwelt- und Energiemanagement sowie Arbeitsvorbereitung.

Die Einordnung von Entwicklungen, Informationen und Daten erfolgt in den Managementberichten u. a. über eine Darstellung von Kennzahlen und Key Performance Indicators. Die folgende Tab. 4.3 zeigt beispielhafte Kennzahlen und KPIs für die Gesamtunternehmung.

Grundsätzlich sind Kennzahlen und KPIs als Handlungskorridor für das Management zu definieren. Sie können meist nur Entwicklungen und Zusammenhänge qualitativ verdeutlichen und somit Auslöser für weiteren Handlungsbedarf zur näheren Ursachenuntersuchung sein. Eine Unternehmenssteuerung und -überwachung ausschließlich über diese Ergebnisse ist weder sinnvoll noch möglich. Zusätzlich sind Unsicherheitsfaktoren aus dem Umgang mit dem Input zu und Output aus den Kennzahlen zu berücksichtigen. Hier ist unter dem Stichwort der „*kognitiven*" und „motivationalen Verzerrung" ein individueller Umgang der Entscheidungsträger mit den Informationen und Daten zu erwarten (Lermer und Volt 2019). Gemäß *Lermer* und *Volt* (2019) ist für Personen, die mit der Bewertung der Kennzahlen und KPIs betraut sind, eine Aufklärung über die meist unbewussten Beeinflussungen des rationalen Denken und Handelns z. B. in Form eines Workshops notwendig.

Tab. 4.3 Beispielhafte Prozesskennzahlen auf der Ebene des Gesamtunternehmens. (Eigene Darstellung in Anlehnung an *Wöltje* (2016), *ZECH Hochbau AG* (2022) und *Diederichs* (2018))

Prozesskennzahl	Erläuterung	Berechnung
Auslastung Unternehmen	Diese Kennzahl gibt in einer festgelegten Zeitperiode qualitativ die Auslastung des Unternehmens an. Bei einer signifikanten negativen Abweichung ab 0,9 sind besondere Maßnahmen zu ergreifen, um den geplanten Umsatz als finanzielles Unternehmensziel erreichen zu können	Auftragsbestand/geplanter Umsatz
Anteil allgemeine Geschäftskosten (AGK)	Diese Kennzahl gibt den Anteil der allgemeinen Geschäftskosten an der Gesamtwertschöpfung des Unternehmens an. Unter die AGK fallen beispielsweise Auswendungen für die Verwaltung und Geschäftsleitung. Sie stellen den Anteil der Gemeinkosten dar, der nicht einzelnen Projekten zugerechnet werden kann Die Werte dieser Kennzahl sind zur Kostendeckung in der Kalkulation der Projektangebote zu berücksichtigen	Allgemeine Geschäftskosten/Umsatz des Gesamtunternehmens
Erfolgsquote der Kalkulation	Anzahl der Vertragsabschlüsse im Verhältnis zu den Projekten in der Angebotsbearbeitung (Teilprozess 3–6 des Projektneugeschäfts) Diese Kennzahl ist als absolute Zahl wenig aussagekräftig, sondern nur als Trend bzw. Entwicklung. Bei signifikanten Abweichungen von historischen Daten sind besondere Maßnahmen zu ergreifen	Anzahl Projekte mit Vertragsabschluss/Anzahl Projekte mit erfolgter Angebotsbearbeitung

(Fortsetzung)

Tab. 4.3 (Fortsetzung)

Prozesskennzahl	Erläuterung	Berechnung
Auslastungsquote der Risikotoleranz	Diese Kennzahl gibt Aufschluss über die aktuelle Gefahrenlage des Unternehmens und gibt qualitativ an, in welchem Umfang weitere Risiken eingegangen werden können. Der Wert muss immer unter 1,0 liegen, ab einem Wert von 0,9 sind besondere Maßnahmen zu ergreifen	Wert des aktuell bestehenden Risikos/Wert der Risikotoleranz
EBIT	Das operative Ergebnis vor Zinsen und Steuern oder auch Earnings before Interest and Taxes (EBIT) stellt eine Erfolgskennzahl dar und kann direkt als finanzielles Unternehmensziel formuliert werden. (Diederichs 2018) Auswirkungen von Gefahren-Chancen-Lagen auf das EBIT werden als *„EBIT-Effekt"* beschrieben und bilden einen bedeutenden Parameter für das Risikomanagement. (Diederichs 2018)	Jahresüberschuss bzw. Jahresfehlbetrag ± Ertragssteuern bzw. Steuererstattung ± Außerordentliches Ergebnis + Zinsaufwand (Wöltje 2021)
Operativer Cash-Flow	Der operative Cash-Flow ist das Ergebnis der Stromgrößenrechnung des gesamten Projektgeschäfts. Bei einem negativen Ergebnis über einen längeren Zeitraum bzw. einem hohen negativen Ergebnis sind besondere Maßnahmen zur Liquiditätssicherung zu ergreifen Eine Betrachtung dieser Kennzahl zusammen mit der Auslastungsquote der Risikotoleranz ist notwendig, um die liquiditätsbedingte Insolvenzgefahr zu überwachen	Jahresüberschuss bzw. Jahresfehlbetrag + Abschreibungen und Wertberichtungen − Zuschreibungen zugunsten des Ergebnisses + Erhöhungen der langfristigen Rückstellungen − Verminderung der langfristigen Rückstellungen (Wöltje 2021)

(Fortsetzung)

Tab. 4.3 (Fortsetzung)

Prozesskennzahl	Erläuterung	Berechnung
Leistung der Mitarbeitenden	Diese Kennzahl gibt qualitativ die Auslastung der Mitarbeitenden an. Ab einem Wert von 1,1 kann eine Überbelastung der Mitarbeitenden drohen, ab einem Wert von 0,9 können eine fehlende Auslastung und Unterdeckung von Personalkosten drohen. In beiden Fällen sind besondere Maßnahmen zu ergreifen	(Umsatz des Gesamtunternehmens/Anzahl der Mitarbeitenden Gesamtunternehmen)/durchschnittliche Mitarbeiterleistung der letzten 2 Jahre
Mitarbeiterfluktuation (MF)	Diese Kennzahl gibt Aufschluss über die Mitarbeiterbindung in Form einer Personalwechselrate Sie ist auf der Ebene des Gesamtunternehmens und des einzelnen Projektes zu erheben und miteinander ins Verhältnis zu setzen Zusätzlich ist die Mitarbeiterfluktuation mit dem Branchendurchschnitt zu vergleichen Bei signifikanten negativen Abweichungen sind besondere Maßnahmen zu ergreifen	*MF Gesamtunternehmen:* Freiwillige und unfreiwillige Abgänge Gesamtunternehmen/Anzahl der Beschäftigten Gesamtunternehmen *MF Projekt zu MF Gesamtunternehmen:* (Freiwillige und unfreiwillige Abgänge Unternehmenseinheit/Anzahl der Beschäftigten Unternehmenseinheit)/Mitarbeiterfluktuation Gesamtunternehmen *MF Gesamtunternehmen zu MF Branche:* (Freiwillige und unfreiwillige Abgänge Unternehmenseinheit/Anzahl der Beschäftigten Unternehmenseinheit)/durchschnittliche Mitarbeiterfluktuation Branche

Eine geeignete Verifizierung der Auswertungsergebnisse erfolgt im beschrieben Managementbericht mithilfe der *„Negativ-Evidenz-Strategie"* (Lermer und Volt 2019). Konkret ist hierfür eine selbstkritische Beurteilung der Auswertung und daraus abgeleiteter Handlungsempfehlungen durch das Qualitätsmanagement und das Risikomanagement zu erstellen. Für eine weitere Analyse der Berichtsinhalte ist ein Quartalsgespräch mit Vertretern des Controllings, Qualitätsmanagements und Risikomanagements und der Konzernleitung Bestandteil des internen Reporting-Prozesses. Die hier gewählte Vorgehensweise erfordert die von *Ehrbar* (2017) beschriebene kritische Reflexion der Anwendung mathematisch-statistischer Methoden wie Kennzahlen und KPIs und ermöglicht eine Anwendung dieser ohne den Verlust eines individuellen Risikobewusstseins zu riskieren.

Besondere Herausforderung im Kontext einer Konzernstrukturveränderung
Zunächst sollten im Zuge einer Konzernstrukturveränderung die aufeinander abgestimmten Unternehmens- und Risikoziele im Management sämtlicher Unternehmensteile kommuniziert werden. Die Aufgabenstellungen und Vorgaben, die sich aus diesen Zielen ergeben,

sollten konsistent vom Top bis zum Lower Management weitergegeben werden und fester Bestandteil jeder Einarbeitungsphase von neuen leitenden Angestellten sein. Eine solche Vorgehensweise ist für die erfolgreiche Umsetzung eines einheitlichen Risikomanagements nach *Schwandt* (2016) unerlässlich.

Ein Handbuch zum umfassenden Risikomanagement, das u. a. die jeweiligen Aufgaben detailliert erläutert, ist ein geeigneter Ausgangspunkt für diesen Integrationsprozess. Ausgehend davon ist eine entsprechende Einführungsphase der Risikomanagementsystematik mittels konzernweiter Führungskräfte-Seminare einzuplanen, bei der zum einen die Akzeptanz für eine Risikomanagementabteilung geschaffen und zum anderen der gewünschte Umgang mit Risiken erlernt wird (Schwandt 2016).

Die Umsetzung der Aufgaben zur Systematik des umfassenden Risikomanagements ermöglicht eine strukturierte Einbindung neuer Unternehmenseinheiten und Projekte in den Risikomanagementprozess des Konzerns.

4.4 Positionierung einer Risikomanagementabteilung innerhalb der Organisation

Die Hierarchie der Risikoziele und der Umfang der daraus abzuleitenden Aufgaben für das Risikomanagement eines Baukonzerns erfordern die Einrichtung einer zentralen Abteilung als Stabsstelle der Konzernleitung (Vanini und Rieg 2021). Je nach Größe des Konzerns bzw. Umfang der beteiligten Unternehmenseinheiten sind neben der zentralen Stabsstelle weitere Experten dezentral als Projekt-Risk-Manager den Leitungen der jeweiligen Unternehmenseinheiten zuzuordnen. Sie unterstützen die Entscheidungsträger vor Ort mit ihrer Expertise für das Risikomanagement und die zentrale Abteilung mit ihrer Expertise für die jeweilige Unternehmenseinheit. In dieser Funktion sind sie Ansprechpartner für die Erstellung der Projektberichte und die risikomanagementbezogenen Ergebnisse der Quartalsgespräche. Somit verantworten sie die operative Umsetzung der Risikomanagementsystematik.

Diese direkte Kommunikationsschnittstelle zwischen der einzelnen Unternehmenseinheit und der zentralen Stabsstelle ermöglicht die kurzfristige Weitergabe von risikospezifischen Informationen. Dieses ist eine Voraussetzung für die von *Bungartz* (2006) geforderte Flexibilität als schnelle Reaktionsfähigkeit des Risikomanagements.

Die Abb. 4.5 zeigt die Einbindung des Risikomanagements in die Konzern-Organisationsstruktur.

Besondere Herausforderung im Kontext einer Konzernstrukturveränderung
Infolge einer Konzernerweiterung unterliegt die Organisationsstruktur einem starken Wandel, wobei im Zuge von Rationalisierungsprozessen Konzepte für die Einbindung geschäftsbedeutender Abteilungen sowie für den Abbau von Doppelbesetzungen und -strukturen umgesetzt werden müssen. Dabei können zahlreiche Konflikte entstehen, die

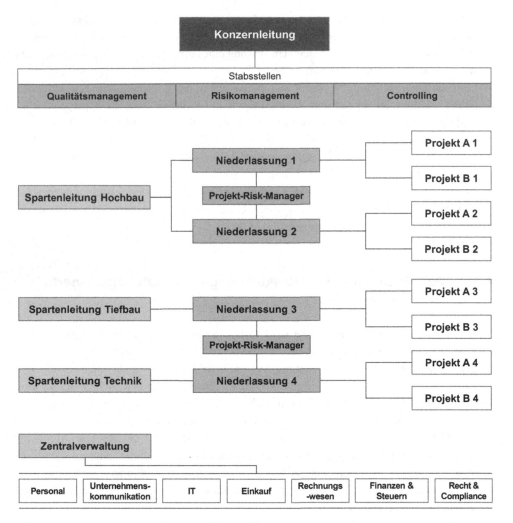

Abb. 4.5 Einbindung des Risikomanagements in die Organisationsstruktur eines Konzerns. (Eigene Darstellung)

aus unterschiedlicher Wertung der einzelnen Managementaufgaben wie Risiko-, Qualitäts-, Umweltmanagement, etc. in den ursprünglichen Strukturen resultieren. Für eine zentrale Stabsstelle des Risikomanagements und die Risk-Manager besteht aus diesem Grund die Gefahr, in einer neuen Organisationsstruktur und bei neuen Mitarbeitenden des Konzerns nicht im gewünschten Umfang akzeptiert zu werden. Zentral für eine langfristig hohe Akzeptanz ist die Erklärung und Darstellung von Zielen, Aufgaben, Kompetenzen und Funktionen der Abteilung zunächst durch die Konzernleitung und anschließend durch das

Risikomanagement selbst (Bungartz 2006). Dabei ist durch die Vermittlung wichtiger unternehmenskultureller Aspekte besonders dem Stereotyp des Risikomanagements als reine Kontrolleinheit vorzubeugen (Bungartz 2006).

Im Zuge des Integrationsprozesses muss ein bisheriges Fehlen einer Abteilungsstruktur für das Risikomanagement in der übernommenen Unternehmenseinheit genauso berücksichtigt werden wie eine zu große Personalstärke aufgrund von identischen Funktionen bzw. Stellen. Grundsätzlich kann man bis zu einem gewissen Grad auch bei einer komfortablen Personalstärke im Risikomanagement eher ein positives Aufwand-Nutzen-Verhältnis annehmen. Ein umfassendes Risikomanagement behindert das unternehmerische Denken und Handeln nicht, sondern unterstützt bei der Minimierung von Gefahren und Nutzung von Chancen (Gleißner 2011).

4.5 Kompetenzen

Die genannten Ziele und Aufgaben des umfassenden Risikomanagements erfordern neben einer direkten organisatorischen Angliederung des Risikomanagements an die Konzernleitung eine durchgängige Kompetenzstruktur, die Weisungs- und Durchsetzungsbefugnisse in Bezug auf das Risikomanagement ermöglicht. Auch wenn diese Befugnisse grundsätzlich im Widerspruch zur Funktion einer Stabsstelle steht, sind sie für die Handlungsfähigkeit im Spannungsfeld zwischen Verantwortungsträgern der Unternehmenseinheiten und dem Risikomanagement notwendig. Konkret sind Vorgaben des Risikomanagements für die Projektabwicklung durch die Leitungen der Unternehmenseinheiten zu erfüllen. Grundsätzlich sieht die Systematik der beschriebenen Aufgaben jedoch eine eigenverantwortliche Umsetzung durch die Unternehmenseinheiten sowie eine gemeinsame Beschlussfassung mit der übergeordneten Managementebene vor. Entscheidend sind die Kompetenzen des Risikomanagements für abweichende Arbeitsabläufe und insbesondere in zeitkritischen Sondersituationen.

Das Risikomanagement benötigt umfassende Kompetenzen für den Zugang zu innerbetrieblichen Informationen und Daten, die für die Arbeit des Risikomanagements unerlässlich sind, sowie zu den Systemen des Controllings und Qualitätsmanagements (Vanini und Rieg 2021).

Besondere Herausforderung im Kontext einer Konzernstrukturveränderung
Im Rahmen einer Konzernstrukturveränderung ist auf die einheitliche Strukturierung der Kompetenzen besonders zu achten, da es sich hierbei um hochsensible Entscheidungen zur Führungsstärke und -verantwortung handelt. Bei Erweiterungen der Unternehmensstruktur sind die individuellen Unternehmenskulturen zu beachten, die durch ein unterschiedliches Verständnis von Eigenverantwortung und Führungsverhalten sowie abweichenden Hierarchien von Zentralabteilungen und Stabsstellen erhebliches Konfliktpotenzial für die Vergabe und Neustrukturierung von Kompetenzen bergen können (Müller 2007).

Diesem Konflikt ist präventiv durch einen alle Unternehmens- bzw. Konzernmitglieder einbeziehenden Fusionsprozess zu begegnen. Dieser sollte Gemeinsamkeiten aufzeigen und einheitliche Lösungskonzepte für ermittelte Unterschiede liefern, sodass als ungerechtfertigt empfundene Bevorzugungen vermieden werden. (Müller 2007)

4.6   Methodik und Instrumente

In diesem Unterkapitel werden weitere Methoden und Instrumente für das umfassende Risikomanagement beschrieben, wie die methodische Vorgehensweise und Nutzung von geeigneten Instrumenten für den Teilprozess Angebotsbearbeitung des Projektneugeschäfts (s. Abschn. 4.3) sowie die Methodik und Instrumente für die iterative Umsetzung des Risikomanagementprozesses in der Projektabwicklung.

Als Instrumente in der Angebotsbearbeitung werden standardisierte Risikofragen und eine darauf aufbauende Risikoanalyse und -bewertung beschrieben.

Die folgende Tab. 4.4 stellt beispielhaft Risikofragen zur Angebotsbearbeitung aus vier Themenbereichen dar. Hier wurde eine Negativdefinition gewählt, sodass eine positive Antwort eine unerkannte Gefahren- oder Chancensituation zum gewählten Thema ausschließt. Eine negative Antwort erfordert im Anschluss eine Risikoanalyse und Risikobewertung dieser Fragestellung. Die Beantwortung der Fragen erfolgt durch die Arbeitsvorbereitung sowie die Kalkulation der jeweiligen Unternehmenseinheit. (ZECH Hochbau AG 2022)

Im Teilprozess Angebotsbearbeitung ist neben der Beantwortung der Risikofragen eine Risikoanalyse und -bewertung der negativ votierten Fragen notwendig. Hierfür ist eine Situations- bzw. Maßnahmenbeschreibung sowie eine darauf abgestimmte Gefahren- und Chancenbewertung vorzunehmen. Für diese Bewertungen ist jeweils ein prozentualer Wahrscheinlichkeitswert und ein Wert in Euro (Tragweite) anzugeben. Für die Bewertung der Risikokosten wird jeweils das Produkt von Wahrscheinlichkeitswert und Tragweite berechnet und die Ergebnisse der Chancenbewertung von der Gefahrenbewertung für einen bereinigten Wert differenziert. Die Ergebnisse können kumuliert für alle zu bewertenden Risikofragen in der Preisfindung bzw. Kalkulation berücksichtigt werden. Abb. 4.6 zeigt für zwei Beispielfragen die Risikoanalyse und -bewertung. (ZECH Hochbau AG 2022)

Ein entscheidendes Instrument des Risikomanagementprozesses für die Projektabwicklung ist die Gefahren-Chancen-Liste (ZECH Hochbau AG 2022). Sie setzt zum einen das Management bereits im Rahmen der Angebotsbearbeitung identifizierter, analysierter und bewerteter Risiken fort und ermöglicht zum anderen das strukturierte Management neu aufgetretener Risiken bzw. Gefahren- und Chancenlagen (ZECH Hochbau AG 2022). Mit dieser Liste wird die systematische Erfassung, Quantifizierung und Dokumentation von Risiken in der Projektabwicklung durch das Projektteam ermöglicht. Ihre Ergebnisse gehören zur Dokumentation des Risikomanagementprozesses und sind

Tab. 4.4 Beispielhafte Risikofragen in der Angebotsbearbeitung. (Eigene Darstellung)

Thematische Einordnung	Fragestellung / Aussage	Antwortmöglichkeit
Vertrag:		
Nr. 18: Leistungspflichten des Auftraggebers	Der Auftraggeber hat keine Projektgesellschaft gegründet, die Finanzierung ist auftraggeberseitig gesichert.	☐ Ja ☐ Nein
Technische Ausführung:		
Nr. 25: Leistungsumfang Fassade	Sind die Belange des Wärmeschutzes (z. B. Energieeinsparverordnung und Gebäudeenergiegesetz) bestimmt und in der Kalkulation berücksichtigt?	☐ Ja ☐ Nein
Einkauf:		
Nr. 3: Nachunternehmerangebote	Sind die angefragten Angebote vollständig und Schnittstellen zwischen der Leistung des eigenen Unternehmens und des Nachunternehmers durchgängig und geprüft?	☐ Ja ☐ Nein
Nachhaltigkeit:		
Nr. 5: Nachhaltigkeitszertifizierung	Der Auftraggeber hat sich endgültig für einen Nachhaltigkeitszertifizierungsstandard entschieden. Eine spätere Anpassung ist ausgeschlossen oder mit der Abteilung Umwelt- und Energiemanagement abgestimmt sowie kalkulatorisch berücksichtigt.	☐ Ja ☐ Nein

regelmäßig (mindestens quartalsweise) an die Zentralabteilung Risikomanagement weiterzuleiten. Verantwortlich für die Bearbeitung der Liste ist die jeweilige Projektleitung, die Verantwortung der Informationsweiterleitung an das Risikomanagement trägt die Leitung der übergeordneten Unternehmenseinheit. Die Struktur der Gefahren-Chancen-Liste ermöglicht auch eine vergleichende Bewertung bereits aus der Angebotsbearbeitung bekannter Risiken. Finanzielle Abweichungen mit Auswirkung auf das Projektergebnis können somit frühzeitig erkannt und gegebenenfalls durch Maßnahmen abgeschirmt werden (ZECH Hochbau AG 2022). Tab. 4.5 zeigt beispielhaft den Aufbau einer Gefahren-Chancen-Liste.

Die in diesem und den vorangegangenen Unterkapiteln beschriebenen Methoden und Instrumente sind für eine strukturierte Anwendung, Kommunikation und Dokumentation sinnvoll in einem EDV-gestützten System umzusetzen. Zentrale Bestandteile müssen die Abbildung der Teilprozesse zum Neugeschäft sein und eine entsprechende Verknüpfung dieser Arbeitsschritte mit der Projektabwicklung. Dafür müssen in dem EDV-System Projektstrukturen angelegt werden, die ein projektspezifisches Risikomanagement von der Marktbeobachtung bis zum Ende der Gewährleistung als Abschluss der Projektabwicklung ermöglichen. Diese Systematik schafft die Möglichkeit einer projektphasenübergreifenden strukturierten Vernetzung von Informationen und Daten und bildet somit die iterative Umsetzung des Risikomanagementprozesses ab.

Zuordnung zur Fragestellung	Situation - Maßnahme
Vertraglich Frage Nr. 18: Projektgesellschaft	Der Auftraggeber hat für eine kalkulierte monatliche Bauleistung in Höhe von 7.000.000 € eine Zahlungs-bürgschaft in Höhe von 4.500.000 € angeboten.

Gefahrenbewertung		Chancenbewertung	
40 %	Wahrscheinlichkeit	0 %	Wahrscheinlichkeit
2.500.000 €	Tragweite	0 €	Tragweite

Nachhaltigkeit Frage Nr. 5: Zertifizierung	Der Auftraggeber hat keine Auswahl für den Zertifizierungsstandard getroffen. Es wird ein für das Projekt passender Standard kalkuliert.

Gefahrenbewertung		Chancenbewertung	
25 %	Wahrscheinlichkeit	0 %	Wahrscheinlichkeit
300.000 €	Tragweite	0 €	Tragweite

Abb. 4.6 Beispielhafte Analyse und Bewertung einer identifizierten Risikosituation (Eigene Darstellung)

Ein EDV-gestütztes System ist auch für die Generierung und Auswertung von Kennzahlen und Key Performance Indicators von Vorteil, weil sich mathematisch-statistische Berechnungsverfahren integrieren lassen. Voraussetzung für die Generierung der Kennzahlen sind Datengrundlagen aus verschiedenen Systemen des Unternehmens bzw. Konzerns (z. B. aus Personalmanagement, Rechnungswesen und Terminplanung). Eine erfolgreiche Einbindung der Daten verschiedener spezialisierter Systeme macht den Aufbau einer gemeinsamen Plattform als zentrales Datenmanagementsystem unter Berücksichtigung einheitlicher Definitionsstandards für Informations- und Datengrundlagen notwendig.

Besondere Herausforderung im Kontext einer Konzernstrukturveränderung

Im Zuge einer Erweiterung der Konzernstruktur ist von dem Vorhandensein unterschiedlicher Methoden, Instrumente und Programme auszugehen. Für eine reibungslose Integration neuer Unternehmenseinheiten in den Konzern und eine Vermeidung von Effizienzverlusten müssen vom Management zeitnah möglichst einheitliche Methoden und Instrumente für das Risikomanagement ausgewählt werden. Dabei sind für den Gesamtkonzern die Besten der vorhandenen Anwendungen zu identifizieren. Grundsätzlich ist jedoch eine vollständige Vereinheitlichung aller Strukturen nur als theoretische Zielsetzung zu verstehen, denn es sollten

Tab. 4.5 Beispielhafte Darstellung einer Gefahren-Chancen-Liste. (Eigene Darstellung)

Thematische Einordnung	Beschreibung	Berechnung	
Herstellung Baugrube	Der geplante Baugrubenverbau in Form einer Spundwand kann aufgrund zu großer Erschütterungsgefahr in der Nähe einer U-Bahnlinie nicht auf der geplanten Länge realisiert werden. 20 % der geplanten 500 m Länge werden als überschnittene Bohrpfahlwand ausgeführt	Gefahrenbewertung:	Mehrkosten von 250.000 €
		Chancenbewertung:	–
Maßnahmen	**Maßnahmenverantwortlicher**	**Bewertung aus der Angebotsbearbeitung**	
Die Ausführung der Maßnahmen erfolgt über den bereits beauftragten Nachunternehmer TB Spezialbau und wird gemeinsam von unserer Bauleitung und der Projektüberwachung des Bauherren betreut	Bauleiter: Max Mustermann	Bereinigter Risikowert:	250.000 €
		Rückstellungen (Ist):	100.000 €
		Rückstellungen (Soll):	250.000 €

die Vermeidung von Effizienzverlusten und realisierbare Optimierungen der Geschäftsprozesse bei Konzernstrukturveränderungen im Vordergrund stehen. Hierfür können in großen Unternehmensstrukturen mittel- und teilweise auch langfristig mehrere Systeme eingesetzt werden.

Für Instrumente wie Kennzahlen und KPIs ist es jedoch notwendig, einheitliche Definitionen und Beschreibungen im Konzern zu kommunizieren, beispielsweise über ein bereits genanntes Risikomanagementhandbuch. Diese Informationen sind Grundlage für eine Integration von Datenströmen weiterer spezialisierter Programme in das zentrale Datenmanagementsystem, wodurch eine zeitnahe Integration neuer Unternehmenseinheiten und Abteilungen in die Reporting-Prozesse ermöglicht wird. Das Risikomanagementsystem kann durch seine projektbezogene Struktur mit wenig Aufwand neue Projekte in der Abwicklung und im Neugeschäft einbinden und ermöglicht damit die Integration in einen einheitlichen Risikomanagementprozess.

Entscheidend für die beschriebenen Integrations- und Rationalisierungsprozesse ist das Vorhandensein flexibler Strukturen, Methoden, Instrumente und Programme, die kurzfristig erweitert werden können. Diese Voraussetzung ist für das Risikomanagement des operativen Geschäfts in allen Mergers and Acquisitions-Prozessen eines Konzerns zu berücksichtigen.

Literatur

Bungartz, O. *Risikokultur – „Soft Skills" für den Umgang mit Risiken im Unternehmen*, Zeitschrift Risk, Fraud & Governance, Heft Nr. 4, 2006

Diderichs, M. *Risikomanagement und Risikocontrolling*, 4. Auflage, Verlag Franz Vahlen GmbH, München, 2018

Ehrbar, H. *Risiken in Planung und Ausführung – Identifikation und Lösungsansätze: Beiträge zum Braunschweiger Baubetriebsseminar vom 17. Februar 2017 – Notwendigkeit zur Etablierung von Risikomanagement-Prozessen*, Konferenzschrift, Technische Universität Braunschweig, 2017

Girmscheid, G. *Bauunternehmensmanagement – prozessorientiert Band 2: Operative Leistungserstellungs- und Supportprozesse*, 3. Auflage, Springer Vieweg, Berlin, Heidelberg, 2014

Gleißner, W. *Grundlagen des Risikomanagements im Unternehmen – Controlling, Unternehmensstrategie und wertorientiertes Management*, 2. Auflage, Verlag Franz Vahlen GmbH, München, 2011

Huch, B., Tecklenburg, T. *Risikomanagement – Beiträge zur Unternehmensplanung: Risikomanagement in der Bauwirtschaft*, 1. Auflage, Springer Verlag, Berlin, Heidelberg, 2001

Lermer, E., Volt, J. *Modelle oder Experten – wer ist der bessere Risikoschätzer?*, Zeitschrift für das gesamte Kreditwesen, Heft Nr. 7, 2019

Mantke, L. *Kognitive Verzerrungen im strategischen Entscheidungsprozess*, Bachelorarbeit, Katholische Universität Eichstätt-Ingolstadt, 2017

Müller, M. *Die Identifikation kultureller Erfolgsfaktoren bei grenzüberschreitenden Fusionen – Eine Analyse am Beispiel der DaimlerChrysler AG*, 1. Auflage, Deutscher Universitäts-Verlag, 2007

Schwandt, M. *Risikomanagement im Projektgeschäft – Entwicklung einer Riskmap für die Projektabwicklung in der Baubranche unter Berücksichtigung des Risikokreislaufs und des Projektlebenszyklus*, Thesenheft zur Ph. D. Dissertation, Universität Miskolc – Fakultät für Betriebswirtschaft, 2016

Vanini, U., Rieg, R. *Risikomanagement – Grundlagen – Instrumente – Unternehmenspraxis*, 2. Auflage, Schäffer-Poeschel Verlag, Stuttgart, 2021

Wöltje, J. *Betriebswirtschaftliche Formeln*, 6. Auflage, Haufe, Freiburg, 2021

ZECH Hochbau AG Inhalte aus dem Risikomanagementsystem der ZECH Hochbau AG, Stuttgart, 2022

Zink, K. *TQM als integratives Managementkonzept*, 2. Auflage, Carl Hanser Verlag, München, 2004

Erarbeitung eines strukturierten Freigabeprozesses für das Projektneugeschäft

5

In diesem Kapitel werden die beiden Freigabeprozesse des Projektneugeschäfts (Freigabe zur Angebotsbearbeitung und Freigabe zur Angebotsabgabe) betrachtet. Hierfür wird zunächst das Spannungsfeld der Projektakquise bzw. des Projektneugeschäfts zwischen Verantwortungsträger und übergeordneter Managementebene unter dem Aspekt des Risikomanagements beschrieben. Anhand der erarbeiteten Ergebnisse erfolgt die Entwicklung und Ausgestaltung einer konkreten Methodik für den Freigabeprozess zur Angebotsabgabe, verbunden mit einer dokumentierten Freigabebeschlussfassung als Arbeitsergebnis. Diese Methodik und Beschlussfassung sind für den Freigabeprozess zur Angebotsbearbeitung in reduzierter Form ebenfalls geeignet und anwendbar.

5.1 Spannungsfeld des Projektneugeschäfts

Der Prozess des Projektneugeschäfts ist von vielen Beteiligten mit unterschiedlichen Perspektiven, Motivationen, Verpflichtungen und Kenntnissen geprägt. Als wichtigste Beteiligte sind die Verantwortungsträger des jeweiligen Projektes und ihre übergeordnete Managementebene zu nennen. Die Verantwortungsträger beantragen zunächst die Freigabe der Angebotsbearbeitung und in der Folge die Freigabe der Angebotsabgabe. Die Genehmigung für diese Freigaben erteilt die jeweils übergeordnete Managementebene.

Die strukturierte Bearbeitung der Freigabeprozesse berücksichtigt die Ziele und Aufgaben des Risikomanagements. Die zentrale Abteilung bzw. die Projekt-Risk-Manager selbst stehen als zusätzliche Ansprechpartner für die Vorbereitung und Durchführung der Freigaben auf Anforderung zur Verfügung. Bei Projekten mit großem Umsatzvolumen (ab 120 % der durchschnittlichen Projektgröße) sind sie verpflichtend in den Prozess einzubinden. Tab. 5.1 stellt beispielhaft eine mögliche Zuordnung der Verantwortungsträger, der übergeordneten Managementebene und des Risikomanagements klassifiziert nach Projektgröße dar.

© Der/die Autor(en), exklusiv lizenziert an Springer Fachmedien Wiesbaden GmbH, ein Teil von Springer Nature 2023
J. Bär, *Aufbau eines umfassenden Risikomanagements,* Entwicklung neuer Ansätze zum nachhaltigen Planen und Bauen, https://doi.org/10.1007/978-3-658-40993-7_5

Tab. 5.1 Beispielhafte Kompetenzstruktur nach Projektgrößenklassifizierung. (Eigene Darstellung)

Projektgröße (Umsatz)	Verantwortungsträger Projekt	Übergeordnete Managementebene	Risikomanagement
Klein (bis 40 % der durchschnittlichen Projektgröße)	**Technische Leitung/Gesamtprojektleitung**	**Leitung der Unternehmenseinheit**	**Unterstützung durch Projekt-Risk-Manager auf Anforderung**
Mittel (bis 120 % der durchschnittlichen Projektgröße)	**Leitung der Unternehmenseinheit**	**Leitung der Konzernsparte**	**Unterstützung durch Projekt-Risk-Manager / Zentralabteilung Risikomanagement auf Anforderung**
Groß (ab 120 % der durchschnittlichen Projektgröße)	**Leitung der Konzernsparte**	**Konzernleitung**	**Zentralabteilung Risikomanagement**

Der Prozess des Projektneugeschäfts beginnt mit der Marktbeobachtung und Akquise der Ausschreibungsunterlagen durch die jeweilige Unternehmenseinheit. Ab einer mittleren Projektgröße wird die Leitung der Unternehmenseinheit frühzeitig in diesen Prozess einbezogen oder sie initiiert diesen selbst. Die Leitung der Unternehmenseinheit wird die Angebotsbearbeitung und -abgabe i. d. R. nur anstreben, wenn die Informationen und Ergebnisse aus der Akquise der Ausschreibungsunterlagen sowie der Angebotsbearbeitung einen potenziellen Projekterfolg versprechen. Bei dieser Annahme bleibt der motivationale Kontext unberücksichtigt, der persönliche Interessen und Zwänge der jeweiligen Person sowie allgemeine Interessen und Zwänge der Leitung der Unternehmenseinheit widerspiegelt.

Als allgemeine Zwänge sind beispielsweise finanzielle Ziele der Unternehmenseinheit zu Umsatz- und Rentabilitätsentwicklung oder leistungswirtschaftliche Ziele, die eine möglichst optimale Auslastung des Personals fordern, zu sehen. Daneben besteht die moralische und unternehmerische Verpflichtung der wirtschaftlichen Beschäftigung aller Mitarbeitenden einer Unternehmenseinheit. Diese Verpflichtung besteht für das gesamte Management des Konzerns und muss grundsätzlich bei Entscheidungen im Projektneugeschäft berücksichtigt werden. Zu berücksichtigen ist hier die Auslastung der Arbeitsvorbereitung und Kalkulation für die Angebotsbearbeitung sowie der technischen, kaufmännischen und gewerblichen Projektmitarbeitenden in der Projektabwicklung. Aufgrund des in vielen Unternehmen bzw. Konzernen etablierten variablen Vergütungssystems für Mitarbeitende dieser Managementebene werden diese Ziele direkt leistungsorientiert mit der jeweiligen Vergütung verbunden. Wird die Zielerreichung stichtagsbezogen bzw. mit einer gewissen Kurzfristigkeit beurteilt, können die kurzfristige oder schnelle Steigerung des Umsatzes und der Rentabilität der Unternehmenseinheit durch den zeitnahen Abschluss des Projektneugeschäftsprozesses auch von persönlichem Interesse sein.

Die Gesamtheit dieser Interessen und Zwänge führt in vielen Fällen zu „*motivationa-len*" und „*kognitiven Verzerrungen*" und begründet das Spannungsfeld des Projektneu-geschäfts, welches zwischen den Verantwortungsträgern für die Projekte und der jeweils übergeordneten Managementebene als Entscheidungsträger besteht (Mantke 2017, Ler-mer und Volt 2019). Insbesondere die von *Mantke* beschriebenen Verzerrungen „*Prior Hypothesis Bias*", „*Problem Set*" und „*Escalating Commitment*" (s. Kap. 3) sorgen für Abweichungen im rationalen Denken und können durch Fehlentscheidungen in den Frei-gabeprozessen großen Schaden verursachen (Mantke 2017). Grundsätzlich ist im zweiten Freigabeprozess von stärkeren psychologischen Einflüssen auf das Denken und Handeln der Beteiligten auszugehen. Dabei ist der wirtschaftliche Schaden, der für das Unter-nehmen durch die Abwicklung eines unpassenden Projektes entstehen kann, wesentlich größer als der Aufwand, den die Angebotsbearbeitung eines solchen Projektes verursachen würde.

In Abb. 5.1 stellt die Entscheidungssituation der Freigaben im Neuprojektprozess dar.

Das Risikomanagement darf in diesen Freigabeprozessen weder die Rolle einer unüber-windbaren Hürde noch einer verantwortlichen Partei für potenzielle Fehleinschätzungen oder -entscheidungen einnehmen. Als Prämisse für das Risikomanagement haben hier die in Abschn. 4.2 formulierten Zielsetzungen Bestand, die in Bezug auf das Projektneu-geschäft eine höhere Transparenz sowie ein ausgeprägteres Bewusstsein für potenzielle Gefahren und Chancen schaffen. Dabei darf es nicht zu einer „*Illusion of Control*" kom-men, die identifizierte Gefahren als generell überwindbar oder nicht originären Bestandteil unternehmerischen Handelns ansieht (Mantke 2017). Andererseits darf die Identifikation, Analyse und Bewertung von Risiken nicht zu einer Handlungsunfähigkeit der Verantwor-tungsträger führen. Diese risikokulturellen Aspekte orientieren sich an den in Abschn. 4.2 beschriebenen Kenngrößen Risikotragfähigkeit, -toleranz und -appetit. Sie verdeutli-chen, dass für das Projektneugeschäft zum Risikoappetit passende und am Risikokapital orientierte Projekte ausgewählt werden müssen.

Besondere Auswirkungen auf das Spannungsfeld des Projektneugeschäfts haben unter-nehmensexterne Entwicklungen, die eine Änderung der Gefahren-Chancen-Lage für die Gesamtunternehmung darstellen. Sie erfordern beispielsweise die Konsolidierung, Auf-gabe oder Neuausrichtung einzelner Geschäftsfelder und können starken Einfluss auf das Projektneugeschäft nehmen. Da hier Interessen und Zwänge der Verantwortungsträger direkt betroffen sein können, ist ein breiter Konsens für die Aufstellung einer neuen strategischen Geschäftsplanung nicht immer gegeben. Diese Situationen erfordern gege-benenfalls eine Anpassung leistungswirtschaftlicher, finanzieller und sozialer Ziele sowie eine Neubewertung der Risikokenngrößen. Entsprechende Anpassungen sind in den Frei-gabeprozessen zu berücksichtigen und für einen rationalen Umgang auch in quantifizierter Form darzustellen. Das umfassende Risikomanagement, das in Form eines internen Repor-tings diese Entwicklungen für das Management und die Mitarbeitenden aufbereitet, muss

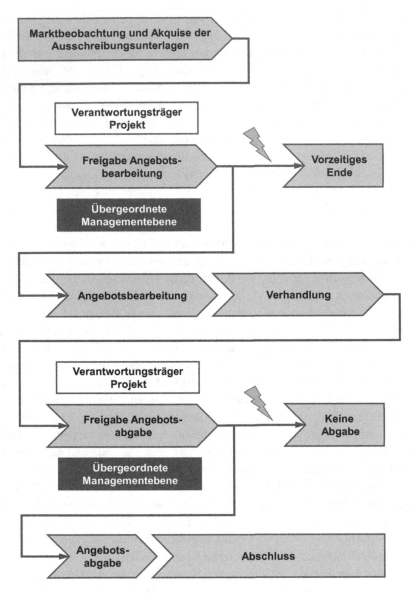

Abb. 5.1 Darstellung der Entscheidungssituation in den Freigabeprozessen des Projektneuge-schäfts. (Eigene Darstellung)

mit Blick auf das Projektneugeschäft den „*Availability Bias*" berücksichtigen, der zur Wahrscheinlichkeitsüberschätzung dramatischer Ereignisse führen kann (Mantke 2017). Eine differenzierte Darstellung der aktuellen Einschätzung sowie eine Quantifizierung in Form von Kennzahlen und KPIs wirkt durch eine geeignete Datengrundlage für die Freigabeprozesse diesem entgegen.

Die folgende Abb. 5.2 stellt das Spannungsfeld einer Entscheidungssituation des Projektneugeschäfts zwischen den beiden zentral beteiligten Parteien und dem Risikomanagement dar.

Die genannten Herausforderungen im Spannungsfeld des Projektneugeschäfts erfordern für die Freigabeprozesse eigenständiges unternehmerisches Denken und Handeln der Verantwortungsträger und der genehmigenden Partei, die mithilfe der Risikomanagementsystematik auf eine umfangreiche und transparente Datenlage für das betrachtete Projekt zurückgreifen kann. Dabei ist für den Freigabeprozess ein Austausch im Dialog zwischen den beteiligten Parteien vorzusehen sowie ein Entscheidungsergebnis im Konsens anzustreben. Diese Vorgehensweise wird durch die Möglichkeit unterstützt, gemeinsam

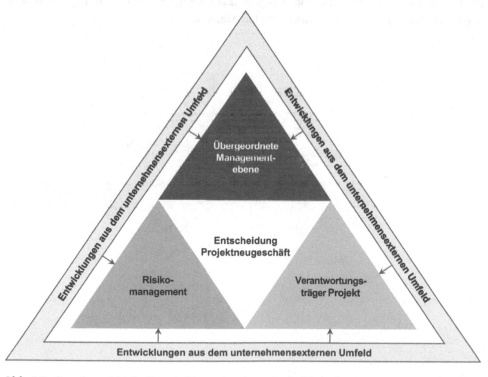

Abb. 5.2 Spannungsfeld der Entscheidungssituationen in den Freigabeprozessen des Projektneugeschäfts. (Eigene Darstellung)

Auflagen zum Freigabeprozess zu vereinbaren, sodass vom Grundsatz her sinnvolle Projekte durch konkrete Vorgaben optimiert werden können. In Bezug auf Projektschwächen und -risiken sollte diese Transparenz vom Verantwortungsträger ermöglicht und von der genehmigenden Partei reflektiert werden. Das Risikomanagement sollte bei gewünschtem Einbezug zu einem offenen Umgang mit Gefahren und Chancen des jeweiligen Projektes motivieren und kann mit seiner fachspezifischen Expertise dazu beitragen, einzelne Aspekte in den risikospezifischen Gesamtkontext des Unternehmens einzuordnen. Das nächste Unterkapitel stellt eine Methodik und Beschlussfassung für die Freigabe der Angebotsabgabe vor. Sie ist für die Freigabe der Angebotsbearbeitung auf eine geeignete Informationsdichte zu kürzen.

5.2   Entwurf einer Freigabemethodik und -beschlussfassung

Findet die Darstellung der Beschlussfassungsdokumentation auch auf zwei Seiten statt. Falls die Formatierung anders erfolgt, bitte diesen Passus entsprechend auf z. B. „Im folgenden" anpassen. Anschließend erfolgt in diesem Kapitel die Erläuterung der Inhalte sowie eine Beschreibung der anzuwendenden Methodik.

Projektdaten		
Name:	Bauzeit von:	. .
Nummer:	Bauzeit bis:	. .
Standort:	Projektdauer [Monate]:	
Auftraggeber:	Angebotsabgabe:	. .
Unternehmenseinheit:	Dauer bis Abgabe [WT]:	
Weitere integrierte Sparten:	Auftragswahrscheinlichkeit: ☐ gering ☐ mittel ☐ hoch ☐ sehr hoch	

Leistungsumfang:	Projektkennzahlen			
Nutzungsart:		Projekt	Anteil (Unternehmenseinheit) an:	
Vertragsart:	Angebotssumme (AS)	€	Jahresumsatz	%
Komplexität der Leistung:				
PC-Phase / Partnering:	Bruttogrundfläche (BGF)	m²	Jahresleistung	%
Lean Management / BIM:	AS / BGF	€ / m²	Durchschnitt	%

Unternehmenskennzahlen		Risikokennzahlen	
Umsatzauslastung		Planwert	
Operativer Cash-Flow		Risk-at-Value	
Leistung der Mitarbeitenden		Worst-Case-Indikator	
Auslastungsquote Risikotoleranz		Zusammenarbeit mit Risikomanagement	

Hinweise des Risikomanagements	Gesamtindikator Kennzahlen
• •	
• •	

Angebotszusammensetzung			Vertragsbedingungen	
	TEUR	%	Fairnessindex (1 bis 6)	
Herstellkosten			6 5 4 3 2 1	
AGK auf Herstellkosten			Worst Bedingungen	Best Bedingungen
Ergebnis auf Herstellkosten			•	•
Risikovorsorge auf Herstellkosten			•	•
Verhandlungsreserve auf Herstellkosten			•	•

Projektteam		Umsatzentwicklung Unternehmenseinheit				
Projektleitung:	Kfm. Projektleitung:		Q2/2022	Q3/2022	Q4/2022	J/2023	J/2024
Oberbauleitung:	Kfm. Vorerfassung:	Umsatz in TEUR				
Technische Leitung:	Kalkulator/-in:					

Einschätzung Auftraggeber				
Internes Rating	(1 – 6)	Ø =		
Qualität Planung, Ausschreibung, Verhandlung	6 5 4 3 2 1	Ø =		
Abweichung durchschnittliche Projektgrößen (int. zu ext.)	%	Anzahl Projekte (int.)		
		Anzahl Projekte (ext.)		

Bonität:
- Finanzierungszusage gesichert ☐
- vorläufige Finanzierungszusage ☐
- Industriekunde ohne Finanzierungszusage ☐
- Projektgesellschaft ☐
- Zweifelhaft, keine Zusagen ☐

Stärken	Schwächen
• • • • • •	• • • • • •

Einschätzungsfragen			
Projekt wird __befürwortet__ aufgrund von:		Projekt wird __genehmigt__ aufgrund von:	
Vorhaben	☐	Vorhaben	☐
Wirtschaftlichkeit	☐	Wirtschaftlichkeit	☐
Stärken-Schwächen-Verhältnis	☐	Stärken-Schwächen-Verhältnis	☐
Gefahren-Chancen-Verhältnis	☐	Gefahren-Chancen-Verhältnis	☐

Abschließende Einschätzung beantragende Partei	Abschließende Einschätzung genehmigende Partei					
	Abschließende Bewertung (1 bis 6)					
	6	5	4	3	2	1

Abschließendes Ergebnis			
☐ Abgelehnt	☐ Genehmigt unter untenstehenden Auflagen	☐ Prüfung durch Risikomanagement	☐ Genehmigt

Unterschriften	
Beantragende Partei:	Genehmigende Partei:
Datum Unterschrift	Datum Unterschrift
	Risikomanagement:
	Datum Unterschrift

Auflagen		
Beschreibung	Verantwortung	Umsetzung bis:
1.	Herr/Frau:	. .
2.	Herr/Frau:	. .
3.	Herr/Frau:	. .
4.	Herr/Frau:	. .
5.	Herr/Frau:	. .

Auflagenerfüllung	Auflagengenehmigung
☐ Nicht erfüllt ☐ Erfüllt	Genehmigende Partei:
	Datum Unterschrift

Die Beschlussfassungsdokumentation wird projektbezogen erstellt und ist das zentrale Dokument für die Genehmigung der Freigabe zur Angebotsabgabe im Projektneugeschäft. Inhaltlich gliedert sich dieser Beschluss in zwei Abschnitte. Der erste Teil wird anhand von Informationen und Daten aus den Teilprozessen 1 bis 4 des Projektneugeschäfts, Inhalten des internen Reportings sowie der Projekthistorie erstellt. Er beinhaltet die Darstellung von wesentlichen Projektdaten, relevanten Projekt-, Unternehmens- und Risikokennzahlen, einem Gesamtindikator dieser Kennzahlen, Hinweisen des Risikomanagements, wesentlicher Angaben zu Angebotszusammensetzung und Vertragsbedingungen, führenden Mitgliedern des Projektteams, Umsatzentwicklung der Unternehmenseinheit, einer Einschätzung des Auftraggebers sowie Risikokenngrößen.

Diese Informationen bilden die Grundlage für den eigentlichen Freigabeprozess, für den in einem gemeinsamen Termin zwischen dem Verantwortungsträger des Projektes als beantragende Partei und der übergeordneten Managementebene als genehmigende Partei der zweite Teil der Beschlussfassung erarbeitet und dokumentiert wird. Dieser beinhaltet eine Stärken-Schwächen-Analyse, Einschätzungsfragen, abschließende Einschätzungen beider Parteien, das abschließende Ergebnis, Unterschriften sowie die Möglichkeit zur Auflagenbeschreibung sowie Dokumentation von Auflagenerfüllung und -genehmigung.

Im Folgenden werden zunächst die Inhalte des ersten Teils einzeln erläutert.

Projektdaten

Zunächst werden in dem Beschlussbogen verschiedene Daten zum Projekt erfasst. Sie reichen von internen Zuordnungs- und Identifikationsinformationen über eine Beschreibung der auszuführenden Leistungen bis zur Zeit- und Terminplanung. Zusätzlich wird eine Einschätzung der Auftragswahrscheinlichkeit angegeben, die sich aus den bisherigen Erfahrungen der projektspezifischen Angebotsbearbeitung und Verhandlung ergibt. Anhand der Projektdaten kann sich die genehmigende Partei einen Überblick über wesentliche Projektfaktoren wie beispielsweise den Leistungsumfang, die Vertragsart sowie spezielle Anforderungen durch eine Pre-Construction-Phase (PC-Phase) oder die Anwendung von Lean Management-Methoden verschaffen.

Projekt-, Unternehmens- und Risikokennzahlen

Die gewählten Projektkennzahlen ermöglichen eine Einordnung der Projektleistung in die finanziellen und leistungswirtschaftlichen Daten der Unternehmenseinheit sowie eine direkte Vergleichbarkeit mit anderen Projekten bei Angebotssumme, Bruttogrundfläche (BGF) und deren Verhältnis.

Die Unternehmenskennzahlen geben einen Überblick über die wichtigsten Daten auf Ebene der Konzernsparte. Es handelt sich hierbei um eine Auswahl der in Abschn. 4.3 erläuterten Kennzahlen, mit deren Hilfe sich das Projekt in die wirtschaftliche Situation der Gesamtunternehmung einordnen lässt. Die Ergebnisse der Kennzahlen werden zusätzlich mithilfe eines farblichen Indexes visualisiert, der qualitativ Aufschluss über den möglichen Handlungskorridor gibt.

Die letzte Gruppe der Kennzahlen des Beschlussbogens bilden Risikokennzahlen, die projektspezifische Ergebnisse aus den Prozessen des Risikomanagements visualisieren.

Gemeinsam mit den Hinweisen des Risikomanagements bilden sie die zentralen inhalt-
lichen Leistungen dieser Abteilung zur Projektbeurteilung. Die folgende Tab. 5.2 stellt eine
Erläuterung sowie die Berechnung der einzelnen Kennzahlen dar.

Hinweise des Risikomanagements
Hier können Hinweise zur Berücksichtigung aktueller Entwicklungen aus dem unternehmensexternen Umfeld für das vorliegende Projekt aufgeführt werden. Ferner kann hier auf
die Berücksichtigung dieser Entwicklungen bei der Anpassung der Unternehmens- und
Risikokennzahlen hingewiesen werden.

Gesamtindikator Kennzahlen
Der Gesamtindikator für die Kennzahlen berechnet sich aus den Ergebnissen der Projekt-,
Unternehmens- und Risikokennzahlen in der Skala von 1 bis 6. Das Risikomanagement fasst
dabei alle Bewertungen der Kennzahlen zusammen. Alle abgebildeten Kennzahlen haben
dabei die gleiche Gewichtung.

Angebotszusammensetzung
Die Angebotszusammensetzung stellt die wichtigsten Bestandteile der Kalkulation dar. Die
prozentualen Angaben der allgemeinen Geschäftskosten (AGK), des Ergebnisses sowie der
Risikovorsorge im Verhältnis zu den Herstellkosten ermöglichen einen direkten Vergleich
mit anderen Projekten.

Vertragsbedingungen
Die Analyse, Prüfung und Beurteilung der vorliegenden Vertragsbedingungen und Ver-
handlungsergebnisse erfolgt durch die Rechtsabteilung des Konzerns und wird in einem
Fairnessindex mit einer Benotung von 1 bis 6 zusammengefasst. Zusätzlich führt die
Rechtsabteilung die ermittelten ungünstigsten sowie günstigsten Vertragsbedingungen für
die Auftragnehmerseite als Worst-Best-Bewertung gesondert auf. Diese Form der Darstellung verhindert auch in diesem Fall eine pauschale Zustimmung oder Ablehnung des
Auftrags. Stattdessen wird ein differenzierter und verantwortungsbewusster Umgang durch
die beantragende und genehmigende Partei ermöglicht.

Projektteam
Hier wird die geplante Besetzung der Schlüsselpositionen des Projektes eingetragen. Sie
stellt die technische und kaufmännische Seite des Projektteams dar. Die Technische Leitung wird als verantwortliche Führungskraft und Mitarbeitende der Kalkulation werden
als Ausführungsverantwortliche der Angebotsbearbeitung benannt. Besteht aus Sicht der
genehmigenden Partei die Notwendigkeit, Anpassungen an der geplanten Besetzung vorzunehmen, kann dieses im zweiten Teil der Beschlussfassung unter Auflagen aufgeführt
werden.

Tab. 5.2 Risikokennzahlen der strukturierten Beschlussfassungsdokumentation. (Eigene Darstellung)

Risikokennzahl	Erläuterung	Berechnung
Planwert	Dieser Wert stellt die projektspezifischen Gefahren in der gemäß Gefahrenbewertung geplanten Höhe in Relation zu bereits erfolgreich abgeschlossenen Projekten des Unternehmens dar Signifikante negative Abweichungen sollten als Schwäche berücksichtigt werden. Hochsignifikante positive Abweichungen sollten vom Verantwortungsträger des Projektes erläutert werden	Ermittelter Gesamtwert der Gefahrenbewertung/durchschnittlicher Gesamtwert der Gefahrenbewertung (Angebotsbearbeitung) erfolgreich abgewickelter Projekte
Risk-at-Value	Diese Kennzahl stellte einen festgelegten Saldowert aus bereinigtem Risikowert (Gefahren-Chancen-Verhältnis) und Risikorückstellungen dar, der innerhalb eines Quartals mit einer vorgegebenen Wahrscheinlichkeit (z. B. 90 %) nicht unterschritten wird	Berechnung nur über ein mathematisches Berechnungsverfahren der Stochastik (z. B. Monte-Carlo-Simulation) möglich.
Worst-Case-Indikator	Diese Kennzahl stellt den ungünstigsten Wert aller identifizierten Gefahren des Projektes im Verhältnis zu den Werten bereits erfolgreich abgeschlossener Projekte des Unternehmens dar	Ungünstigster möglicher Gefahrenwert des Gesamtprojektes (Worst-Case-Wert)/durchschnittlicher Worst-Case-Wert erfolgreich abgewickelter Projekte
Zusammenarbeit mit Risikomanagement	Diese Kennzahl beschreibt anhand von drei Kategorien die Zusammenarbeit der Unternehmenseinheit mit der Zentralabteilung des Risikomanagements und den Projekt-Risk-Managern im Prozess des Projektneugeschäfts	Von 1 (sehr gut) bis 6 (ungenügend) werden die proaktive und frühzeitige Einbindung des Risikomanagements, die Abgabe notwendiger Informationen, die Vorbereitung der Informationen zur Beschlussfassung sowie die Umsetzung von projektspezifischen Auflagen des Risikomanagements bewertet. Anschließende Berechnung des arithmetischen Mittels.

Umsatzentwicklung Unternehmenseinheit

Die Umsatzentwicklung der projektbetreuenden Unternehmenseinheit wird für die ersten drei Quartale ab Projektbeginn und für die zwei darauffolgenden Geschäftsjahre abgebildet. Sie gibt Aufschluss über die Auslastung der Unternehmenseinheit und zusammen mit den Projektkennzahlen die prognostizierte Erreichung von Umsatzzielen sowie einen Hinweis auf die Notwendigkeit für die Akquise neuer Projekte.

Einschätzung des Auftraggebers

Die Einschätzung des Auftraggebers ist für den Freigabeprozess von zentraler Bedeutung, weil die Leistung und das Verhalten des Auftraggebers entscheidend zum Projekterfolg oder -misserfolg beiträgt (Ehrbar 2017). Aus diesem Grund ist über das Projektneugeschäft hinaus eine langfristige Einschätzung der Auftraggeber bzw. Kunden im Konzern notwendig. Dieses interne Rating setzt sich aus bisherigen Erfahrungen zur Marktbeobachtung, Angebotsbearbeitung, aus Verhandlungen, Projektabwicklungen und dem Verhältnis nach offiziellem Leistungsende sowie öffentlich zugänglichen Daten zu Bonität, Referenzprojekten und -erfahrungen zusammen. Das Rating ist somit eine fortlaufend zu aktualisierende Kennziffer, die als Gesamtindikator zentrale Eigenschaften des Kunden für die Projektabwicklung in einem Index von 1 bis 6 abbildet.

In der Beschlussfassung werden die zentralen Bausteine des Ratings: Qualität der Planung, Ausschreibung und Verhandlung, Abweichung der durchschnittlichen Projektgröße zwischen internen und externen Projekten des Auftraggebers, Anzahl der intern und extern abgewickelten Projekte sowie Bonität gesondert aufgeführt. Dieses ermöglicht eine über die bloße Kenngröße des Ratings hinausgehende Beurteilung des Auftraggebers durch die Beteiligten des Freigabeprozesses.

Risikokenngrößen

Die Abbildung zu den Risikokenngrößen ordnet das betrachtete Projekt auf Basis seines Rentabilitäts-Risiko-Verhältnisses ein. Es ermöglicht darüber hinaus die Einordnung anhand der Kenngrößen Risikoappetit, -toleranz und -tragfähigkeit (s. Abschn. 4.2). Grundsätzlich gilt, dass ein Projekt im grünen Investitionsbereich, also über dem Risikoappetit liegen muss und die Grenze der Risikotoleranz nicht überschreiten darf. In Ausnahmefällen kann mit einer dezidierten Begründung diese Grenze überschritten werden, wenn beispielsweise den erhöhten potenziellen Risikokosten eine gesonderte Absicherung gegenüber steht und die identifizierten Gefahren durch besonderes Knowhow erfolgreich bewältigt werden können. Der Wert der Risikotragfähigkeit auf Projektebene sollte unter keinen Umständen überschritten werden, da ein Misserfolg eines solchen Projektes zur Insolvenz des Unternehmens führen könnte.

Die erläuterten Inhalte des ersten Teils der Beschlussfassungsdokumentation ermöglichen die strukturierte Darstellung und Einordnung vielfältiger Projektinformationen und -daten vor dem Hintergrund rechtlicher, technischer, leistungswirtschaftlicher und finanzieller Beurteilungen. Diese ermöglichen einen transparenten Überblick über zentrale

Projekteigenschaften und bilden die Grundlage für eine differenzierte unternehmerische Entscheidungsfindung. Das Vorliegen dieser Inhalte ist Voraussetzung für den Beginn der konkreten Freigabe, für die der Verantwortungsträger des jeweiligen Projektes gemeinsam mit der jeweils übergeordneten Managementebene einen Termin vereinbart. Bei diesem Termin werden die vorliegenden Informationen gemeinsam analysiert, diskutiert und beurteilt. Die Dokumentation dieses Prozesses bildet den zweiten Teil der Beschlussfassung. Im Folgenden werden die einzelnen Inhalte dieses Teils erläutert.

Stärken-Schwächen-Analyse
Die Stärken-Schwächen-Analyse orientiert sich an dem Managementinstrument SWOT-Analyse (*„Analysis of strengths, weakness, opportunities and threats"*) und bildet eine Bewertung der Vor- und Nachteile des Projektes aus der unternehmensinternen Perspektive ab (Wirtschaftslexikon Gabler 2022). In diesem Schritt sollen die Inhalte des ersten Teils der Beschlussfassung kritisch diskutiert und konkrete Stärken und Schwächen des Projektes thematisiert werden. Dabei liegt der Fokus auf der Qualifikation der Unternehmenseinheit zur Nutzung der projektspezifischen Vorteile bzw. potenziellen Chancen sowie für die erfolgreiche Bewältigung von Nachteilen bzw. potenziellen Gefahren. Dieser Prozess fordert von beiden beteiligten Parteien eine kritische, durch Risikobewusstsein gekennzeichnete Reflexion der vorliegenden Informationen sowie eine differenzierte Darstellung entscheidender Aspekte. Signifikante Schwächen führen zu Nachbesserungsbedarf, der in Form von Auflagen in der Beschlussfassung festgehalten wird, oder zu einer Ablehnung des Projektes.

Einschätzungsfragen
In diesem Abschnitt des Beschlussbogens geben jeweils die beantragende und die genehmigende Partei an, warum sie das Projekt befürworten bzw. genehmigen. Dabei sind maximal zwei der vier Antworten auszuwählen, um eine Priorisierung auf zentrale Aspekte des Projekts herbeizuführen und den motivationalen Kontext der Beteiligten transparent zu dokumentieren.

Abschließende Einschätzung beantragende Partei
Die abschließende Einschätzung der beantragenden Partei ermöglicht die Dokumentation finaler Hinweise zu Referenzprojekten, Auftraggeber, Verhandlungen oder sonstigen Themen. Diese setzen sich aus den vorliegenden Informationen des ersten Teils und den bereits erarbeiteten Inhalten des zweiten Teils zusammen und bilden die abschließende Beurteilung der beantragenden Partei.

Abschließende Einschätzung genehmigende Partei
Die genehmigende Partei dokumentiert für ihre abschließende Einschätzung die Quintessenz der Vor- und Nachteile des Projektes in einer Best-Worst-Gegenüberstellung. Nach einer gemeinsamen Diskussion dieser Punkte erfolgt eine abschließende Gesamtbewertung im Index von 1 bis 6 für alle Inhalte und Ergebnisse der Beschlussfassungsdokumentation.

Abschließendes Ergebnis

In diesem Abschnitt stehen der genehmigenden Partei vier Auswahlmöglichkeiten zur Verfügung. Neben den Möglichkeiten „Abgelehnt" oder „Genehmigt", ist auch eine Genehmigung unter Auflagen oder eine Prüfung durch das Risikomanagement auswählbar. Auflagen für eine Genehmigung werden ebenfalls auf dem Beschlussbogen dokumentiert. Eine Prüfung durch das Risikomanagement ist bei signifikanten Interessenskonflikten zwischen den beiden zentralen Parteien des Freigabeprozesses zu beauftragen. Für diese Prüfung werden die Inhalte und Ergebnisse des Bogens bei kleinen Projekten durch den Projekt-Risk-Manager, bei mittleren bis großen Projekten durch die zentrale Stabsstelle analysiert, bewertet und beurteilt. Die Einschätzung des Risikomanagements wird im Beschlussbogen ergänzt und in einem zweiten Termin gemeinsam mit der beantragenden und der genehmigenden Partei ausgewertet. Als Ergebnis dieses Termins erfolgt die finale Genehmigung oder Ablehnung des Projektes durch die genehmigende Partei.

Unterschriften

Mit ihren Unterschriften bestätigen die beantragende und genehmigende Partei sowie ggf. das Risikomanagement die Arbeitsergebnisse des zweiten Teils des Beschlussbogens und das abschließende Ergebnis.

Auflagen sowie deren Erfüllung und Genehmigung

Dieser Teil des Beschlussbogens dokumentiert Auflagen, die für die Genehmigung der Freigabe zur Angebotsabgabe erforderlich sind. Neben der Beschreibung der Auflagen erfolgt die Zuordnung eines Verantwortlichen und eine Terminierung zur Aufgabenerfüllung. Nach Erfüllung aller Auflagen bzw. mit Ablauf der festgesetzten Fristen entscheidet die genehmigende Partei über deren Umsetzungserfolg und dokumentiert deren Genehmigung auf dem Beschlussbogen. Gemeinsam mit dem zuvor ausgewählten abschließenden Ergebnis, das die Genehmigung unter Auflagen vorsieht, ist mit erfolgreich genehmigter Auflagenerfüllung die Freigabe zur Angebotsabgabe erteilt.

Die Bearbeitung des zweiten Teils der Beschlussfassungsdokumentation ermöglicht einen einheitlich strukturierten Abschluss des entscheidenden Freigabeprozesses im Projektneugeschäft. Seine Bestandteile erfordern eine gemeinsame Erarbeitung durch beide Parteien und können durch ihre qualitativen und quantitativen Visualisierungen bestimmten Herausforderungen im Spannungsfeld des Projektneugeschäfts begegnen. Die Vorgehensweise schließt *„kognitive"* und *„motivationale Verzerrungen"* nicht aus, erfordert jedoch die kritische Reflexion und spezifische Einordnung des betrachteten Projektes in den gesamtunternehmerischen Kontext (Mantke 2017). Diese Reflexion ermöglicht auch den von *Ehrbar* (2017) sowie (Lermer und Volt 2019) teilweise kritisch gesehenen Einsatz von mathematisch-statistischen Modellen für das Risikomanagement. Im Beschlussbogen wird dieser Einsatz jedoch durch wenige Risikokennzahlen auf einen geringen Umfang begrenzt. Liegen der Erstellung und Bearbeitung des Beschlussbogens die in Abschn. 4.3 genannten risikospezifischen Aspekte der Unternehmenskultur zugrunde, die einen transparenten Umgang mit Stärken, Schwächen, Chancen und Gefahren ermöglichen, bildet die Freigabemethodik das Ergebnis von eigenverantwortlichem risikobewussten Denken und Handeln ab. Die Struktur des gesamten Projektneugeschäfts einschließlich der beiden Freigabeprozesse mit ihren Beschlussfassungsdokumentationen erfüllt die von *Ehrbar* (2017) und *Schwandt* (2016) geforderte Einheitlichkeit und Anwendbarkeit eines prozessübergreifenden Risikomanagements.

Die erläuterten Daten und Information des Beschlussbogens bilden neben der Gefahren-Chancen-Liste die Grundlage für die dokumentierte Fortführung des Risikomanagementprozesses in der Projektabwicklung. Die zentralen Aspekte Projekt- und Risikokennzahlen, Angebotszusammensetzung, Vertragsbedingungen bzw. rechtliche Situation, Einschätzung des Auftraggebers und Risikokenngrößen sind quartalsweise durch die Projektleitung zu beurteilen. Durch einen systematischen Vergleich aktueller Daten aus der Projektabwicklung mit historischen Daten des Projektneugeschäfts sind Trends für die Gefahren-Chancen-Lage des Projektes früher und genauer zu erkennen. Diese Entwicklungen fließen in das Handout des Risikomanagements für die Quartalsgespräche ein und können somit direkt in den Gesprächen berücksichtigt werden. Abb. 5.3 stellt eine beispielhafte Visualisierung für die qualitative Beurteilung dieser Entwicklungen dar.

Im Zuge des internen Reporting-Prozesses skalieren das Qualitätsmanagement und Risikomanagement diese projektspezifischen Informationen auf die Ebene des Gesamtunternehmens bzw. Konzerns hoch und verarbeiten diese im zweiteiligen Managementbericht.

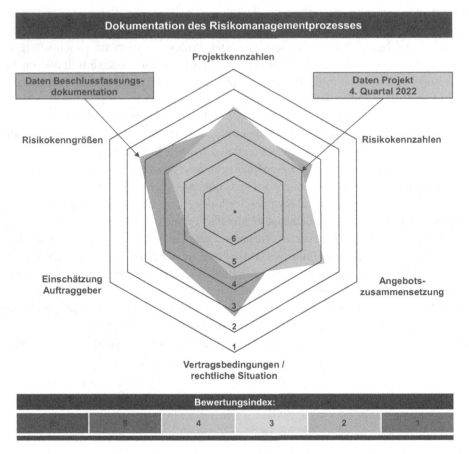

Abb. 5.3 Beispielhafte Visualisierung der Entwicklung zentraler Projektfaktoren als Bestandteil des dokumentierten Risikomanagementprozesses in der Projektabwicklung. (Eigene Darstellung)

Literatur

Ehrbar, H. *Risiken in Planung und Ausführung – Identifikation und Lösungsansätze : Beiträge zum Braunschweiger Baubetriebsseminar vom 17. Februar 2017 – Notwendigkeit zur Etablierung von Risikomanagement-Prozessen,* Konferenzschrift, Technische Universität Braunschweig, 2017
Lermer, E., Volt, J. *Modelle oder Experten – wer ist der bessere Risikoschätzer?,* Zeitschrift für das gesamte Kreditwesen, Heft Nr. 7, 2019
Mantke, L. *Kognitive Verzerrungen im strategischen Entscheidungsprozess,* Bachelorarbeit, Katholische Universität Eichstätt-Ingolstadt, 2017

Schwandt, M. *Risikomanagement im Projektgeschäft – Entwicklung einer Riskmap für die Projektab-wicklung in der Baubranche unter Berücksichtigung des Risikokreislaufs und des Projektlebenszy-klus,* Thesenheft zur Ph. D. Dissertation, Universität Miskolc – Fakultät für fBetriebswirtschaft, 2016

Wirtschaftslexikon   Gabler   https://wirtschaftslexikon.gabler.de/definition/swot-analyse-52664, 17.08.2022

Auswertung der Forschungsfrage 6

6.1 Zusammenfassung der Ergebnisse

Das vorgestellte Konzept eines umfassenden Risikomanagements für Unternehmen des Bauprojektgeschäfts ermöglicht den strukturierten Umgang mit Risiken zur Vermeidung von Gefahren und Nutzung von Chancen. Hierfür wurden Ziele, Aufgaben, Kompetenzen, Methoden und Instrumente sowie die Einbindung in eine unternehmerische Organisationsstruktur ausgearbeitet. Darüber hinaus wurden besondere Herausforderungen für den Aufbau dieses Konzepts im Zuge einer Konzernstrukturveränderung beschrieben.

Das umfassende Risikomanagement bezieht Entwicklungen bzw. Veränderungen aus dem unternehmensexternen Umfeld in das strategische und operative Management eines Konzerns ein. Diese Entwicklungen, die eine fortlaufende Bewertung der Gefahren-Chancen-Lage des Konzerns oder einzelner Unternehmenseinheiten erfordern, bilden den Ausgangspunkt der beschriebenen Methodik, Instrumente und des Reportings der Risikomanagementsystematik. Für den operativen Bereich des Projektgeschäft wurden im umfassenden Risikomanagement die zwei wesentlichen Bereiche Projektneugeschäft und -abwicklung differenziert betrachtet, wobei das umfassende Risikomanagement eine projektphasenübergreifende Zusammenführung dieser Bereiche vorsieht. In der konkreten Ausarbeitung der Risikomanagementsystematik wurden auch hier Einflüsse aus dem unternehmensexternen Umfeld und mithilfe von Kennzahlen und KPIs deren Wechselwirkungen mit unternehmensinternen Entwicklungen berücksichtigt.

Das Managementkonzept des umfassenden Risikomanagements betrachtet neben dieser einheitlichen Strukturierung operativer Vorgänge und dem Management strategischer Risiken die Besonderheiten von Risiken aus komplexen Entscheidungssituationen, die stark von individuellen kognitiven und motivationalen Einflüssen der Beteiligten und rahmengebenden unternehmenskulturellen Aspekten geprägt sind. Dieser Kontext ist für das umfassende Risikomanagement originärer Bestandteil unternehmerischen Denkens und

© Der/die Autor(en), exklusiv lizenziert an Springer Fachmedien Wiesbaden GmbH, ein Teil von Springer Nature 2023
J. Bär, *Aufbau eines umfassenden Risikomanagements,* Entwicklung neuer Ansätze zum nachhaltigen Planen und Bauen, https://doi.org/10.1007/978-3-658-40993-7_6

Handelns, welches naturgemäß überhaupt nur risikobehaftete Entscheidungsfindungen behandelt. Aus diesem Grund wurden verschiedene Anforderungen an die Unternehmens- bzw. Risikokultur formuliert, die als Voraussetzung für den Erfolg der Systematik unabdingbar sind. Zentrale Komponente der erläuterten holistischen Risikokultur ist die Verantwortungsübertragung für Teile des Risikomanagementprozesses auf sämtliche Mitarbeitenden durch die Etablierung eines ganzheitlichen risikobewussten Denkens und Handelns. Initiiert wird diese Vorgehensweise durch die Unternehmens- bzw. Konzernleitung. Die Mitarbeitenden werden in der Umsetzung durch die Führungskräfte aller Ebenen unterstützt.

Die Freigabemethodik und -beschlussfassung für das Projektneugeschäft stellt eine strukturierte Vorgehensweise für eine zentrale Herausforderung des Risikomanagements im Projektgeschäft dar. Das Risikopotenzial des Bauprojektgeschäfts liegt begründet in der Einmaligkeit der Leistung, den vielfältig beteiligten interessierten Parteien, der Langfristigkeit der Leistungsabwicklung und der hohen Kapitalintensität der einzelnen Projekte. Die Entscheidung für oder gegen ein Projekt bzw. die Abgabe eines Angebots beeinflusst die Gefahren-Chancen-Lage oder das *„Risikoportfolio"* eines Bauunternehmens über mehrere Geschäftsjahre (Gleißner 2011). Für diese Entscheidung ist neben der Auswirkung auf die Gesamtunternehmung auch die individuelle Handlungsweise der Beteiligten – insbesondere der Projektverantwortlichen – zu bedenken. Diese ist geprägt von allgemeinen und persönlichen Interessen und Zwängen, die i. d. R. die erfolgreiche Akquisition von Neuprojekten zum Ziel haben. Dadurch besteht die Gefahr, dass nicht alle vorliegenden Informationen rational gesammelt, analysiert und bewertet werden, sondern oftmals verschiedene von *„kognitiven"* und *„motivationalen Verzerrungen"* geprägte Heuristiken genutzt werden (Deutsches Institut für Normung e. V. 2015). In der Folge können die Interessen der Projektverantwortlichen zu Schäden für die Gesamtunternehmung führen und damit konträr zu den Interessen übergeordneter Managementebenen bzw. der Konzernleitung verlaufen. Bezieht man das Risikomanagement als weitere Partei in diese Situation ein, darf es weder als unüberwindbare Hürde noch als Verantwortungsträger für potenzielle Fehleinschätzungen oder -entscheidungen dienen. Die genannten Aspekte kennzeichnen das Spannungsfeld des Projektneugeschäfts zwischen Projektverantwortlichen, übergeordneter Managementebene und Risikomanagement.

Dieses Spannungsfeld begründet die konkrete Ziel- und Aufgabenstellung des Risikomanagements für das Projektneugeschäft, welches in diesem Prozess eine höhere Transparenz sowie ein ausgeprägteres Bewusstsein für potenzielle Gefahren und Chancen schaffen muss. Damit wird ein eigenständiges unternehmerisches Denken und Handeln der Projektverantwortlichen und der übergeordneten Managementebene ermöglicht, die mithilfe einer geeigneten Risikomanagementsystematik auf eine umfangreiche und transparente Datenlage für das jeweilige Projekt zurückgreifen können. Die vorgestellte dokumentierte Beschlussfassung setzt diese Anforderungen um, wobei die zugrunde

liegende Methodik eine gemeinschaftliche Analyse und Beurteilung aller zentralen Stärken bzw. Vorteile und Schwächen bzw. Nachteile des Projektes erfordert und auf eine
Konsensentscheidung als Ergebnis des Freigabeprozesses setzt.

Abb. 6.1 zeigt eine Netzwerkdarstellung der entwickelten Inhalte des umfassenden
Risikomanagements.

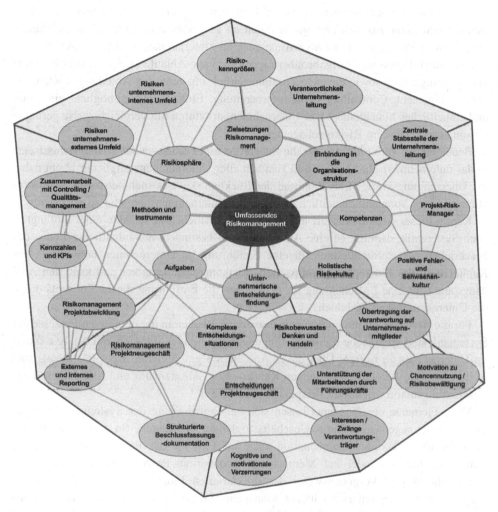

Abb. 6.1 Netzwerkdarstellung des umfassenden Risikomanagements. (Eigene Darstellung)

6.2   Auswertung der Ergebnisse

Das erarbeitete Managementkonzept eignet sich für den Aufbau, die Neustrukturierung oder eine grundlegende Anpassung von Risikomanagementsystemen in projektorientierten Unternehmen. Dabei kann es durch eine individuelle inhaltliche Ausgestaltung der vorgestellten Instrumente sowohl für Projektentwicklungs- und Planungsphasen als auch für die Projektausführung genutzt werden. Es zeichnet sich durch eine zielgerichtete und übersichtliche Struktur aus und ermöglicht durch an Projekten und Unternehmenseinheiten ausgerichtete Prozesse eine flexible Anpassung an Unternehmens- bzw. Konzerngrößen. Die Verantwortungs- und Aufgabenübertragung für viele Abläufe an Projektmitarbeitende und -führungskräfte sowie die enge Zusammenarbeit mit zentralen Abteilungen wie Qualitätsmanagement, Controlling, Arbeitsvorbereitung, Einkauf, etc. ermöglicht ein ganz- und einheitliches Management von Unternehmensstrukturen mit vergleichsweise geringen Personalkapazitäten im Risikomanagement.

Bedeutendste Voraussetzung für die Integration eines umfassenden Risikobewusstseins in das unternehmerische Denken und Handeln aller Unternehmensmitglieder bleibt dabei die Überzeugungskraft, Motivation und der Rückhalt der Unternehmens- bzw. Konzernleitung, dieses Vorgehen einheitlich in sämtliche Unternehmensbereiche zu integrieren.

Kap. 4 dieser Arbeit skizziert lediglich die wesentlichen Eckpunkte einer umfangreichen Systematik, dadurch ist eine Ausarbeitung insbesondere auf inhaltlicher Ebene des beschriebenen Instrumentariums für eine Einführung im Unternehmen notwendig. Das Kapitel stellt das Konzept des umfassenden Risikomanagements vor und kann den Ausgangspunkt für eine Entscheidung für oder gegen die Einführung dieses Konzept durch die Unternehmensleitung bilden.

Für die Berücksichtigung unternehmensexterner Risiken in die operativen Prozesse der Systematik sind spezifische Rahmenbedingungen für die Identifikation und Analyse dieser im Unternehmen zu treffen. Über die in Abschn. 4.3 geschilderten Beispiele hinaus sind weitere zentrale Bereiche wie eine am Kunden- bzw. Absatzmarkt und Lieferanten- bzw. Beschaffungsmarkt orientierte Perspektive festzulegen.

Viele Elemente des Konzepts lassen sich bei Beibehaltung der Systematik auch auf das Risikomanagement anderer Geschäftstätigkeiten übertragen. So kann die strukturierte Beschlussfassungsdokumentation auch auf Projekte der Produktentwicklung der stationären Industrie oder auf Mergers and Acquisitions-Prozesse übertragen werden. Die Methodik und Vorgehensweise der strukturierten Informations- und Datensammlung aus Bereichen unterschiedlicher Managementdisziplinen und zusammenfassenden Dokumentation in einer solchen Beschlussfassung mit einer anschließenden Analyse und Beurteilung der Ergebnisse kann mit geeigneten Anpassungen vielfältige Anwendung in einem Unternehmen finden.

Das in Kap. 2 beschriebene allgemeine Spannungsfeld unternehmerischer Entscheidungsfindungen und das in Kap. 4 konkret erläuterte Spannungsfeld des Projektneugeschäfts zeigen die Herausforderungen für das Risikomanagement selbst auf. Kann das umfassende Risikomanagement die beiden übergeordneten Zielsetzungen (Sicherung des Unternehmensfortbestandes und Optimierung des Gefahren-Chancen-Verhältnisses, s. Abschn. 4.2) erfüllen, ist es für das Unternehmen von entscheidendem Wert. Der Erreichung der Zielsetzungen stehen jedoch Gefährdungen wie beispielsweise eine gesteigerte Risikoaversion der Verantwortungsträger, ein durch Kontrollillusionen angetriebener Risikoappetit, eine mangelnde Akzeptanz der Systematik oder der Abteilung sowie hohe und kurzfristige Renditeerwartungen der Geschäftsführung entgegen. Das umfassende Risikomanagement begegnet diesen Herausforderungen mit einer transparenten Fehler- und Schwächenkultur, der Verantwortungsübertragung auf eine Vielzahl von Unternehmensmitglieder und prozessübergreifenden Kommunikationsstrukturen. Darüber hinaus ist im Sinne eines Management-Review (Managementbewertung (Deutsches Institut für Normung e. V. 2015)) eine kontinuierliche Verbesserung der Systematik durch unterschiedliche Anwendergruppen vorzusehen. Das umfassende Risikomanagement kann eine höhere Transparenz ermöglichen sowie ein ausgeprägteres Bewusstsein für potenzielle Gefahren und Chancen schaffen und damit unternehmerische Entscheidungsfindungen verbessern. Dabei verbleiben Entscheidung und Verantwortung bei Mitarbeitenden bzw. Führungskräften. Ein Idealziel, das den Ausschluss von Fehlern, Nachteilen und Gefahren im Zusammenhang mit strategischen und operativen Risiken vorsieht, kann nicht realisiert, sondern nur angestrebt werden.

Die im Stand der Forschung ermittelten kognitionspsychologischen Aspekte der Autoren *Mantke* (2017), *Lermer* und *Volt* (2019) wurden in der grundsätzlichen Systematik und der konkreten Ausarbeitung der Freigabemethodik und -beschlussfassung in mehreren Punkten berücksichtigt. Durch konkrete Abläufe und grundsätzliche Anforderungen an die Risikokultur des Unternehmens wird diesen Einflüssen bzw. Verzerrungen begegnet; dabei können jedoch ihren Ursachen und Auswirkungen nicht in vollständigem Maße ausgeschlossen oder beherrscht werden. Eine konkrete Ausarbeitung von Verifizierungsprozessen, eine geeignete Vorgehensweise zum reflektierten Umgang mit Kennzahlen und KPIs und die weitere Förderung von tiefgreifendem unternehmerischen Denken und Handeln möglichst vieler Unternehmensmitglieder ist über dieses Konzept hinaus weiter auszuarbeiten.

Die beschriebenen besonderen Herausforderungen für den Kontext einer Konzernstrukturveränderung können für das Risikomanagement nur beispielhaft beschrieben werden, da diese Veränderungsprozesse einen hohen Individualisierungsgrad aufweisen (Jansen 2016). Die genannten Herausforderungen sollten mehrheitlich für den Aufbau eines umfassenden Risikomanagements in diesem Kontext berücksichtigt werden, sind jedoch in der Praxis um weitere Themenkreise zu ergänzen. Die entwickelte Systematik kann auch außerhalb dieser Situationen in Unternehmen eingeführt und umgesetzt werden.

Anwendungen des Risikomanagements aus dem Spitzenkompetenzbereich der Finanz- oder Versicherungswirtschaft, die auf eine automatisierte Auswertung erheblicher Datenmengen mittels Computerprogrammen bis hin zur künstlichen Intelligenz setzen, sind in das vorgestellte Konzept nicht integriert worden. Obwohl das Risikomanagement im

Bauprojektgeschäft nicht immer als zentrale Kompetenz der Geschäftstätigkeit gesehen wird, ist die Frage zu stellen, in welchem Umfang diese Managementdisziplin sich am Best Practice (optimale Umsetzung (Quality Services & Wissen GmbH 2022)) orientieren kann. Jedoch sollten bestimmte Formen der automatisierten Auswertung über die beschriebenen Kennzahlen und KPIs hinaus für das Projektgeschäft in Zukunft integriert werden. Da im Projektgeschäft über lange Zeiträume große Datenmengen aus einer Vielzahl von Geschäftsbereichen anfallen, sollte auch der Wert einer strukturierten Datensammlung und -analyse berücksichtigt werden. Eine Vernetzung und Auswertung dieser Daten kann langfristig möglicherweise das Potenzial haben, effektiv Stärken und Schwächen des Unternehmens zu ermitteln und auf die Anfangsdatenlage des Projektneugeschäfts zu übertragen.

6.3   Ansätze für weiteren Forschungsbedarf

Aufbauend auf dem vorgestellten Konzept ist eine Struktur zur systematischen Auswertung der Daten aus der dokumentierten Beschlussfassung des Freigabeprozesses, gemeinsam mit den Daten der Dokumentation des Risikomanagementprozesses in der Projektabwicklung und einer abschließenden Datenerhebung zum Projektende in Form einer Revision zu erarbeiten. Diese Auswertung kann dazu beitragen, die wesentlichen Erfolgsfaktoren der Projektabwicklung zu identifizieren und zu quantifizieren und diese auf den Prozess des Projektneugeschäfts zu übertragen. Ausgehend von dieser Vorgehensweise sind weitere interne Daten aus sämtlichen Geschäftsbereichen vernetzt und automatisiert auszuwerten. Dadurch könnte mittelfristig die vorgestellte Freigabemethodik weiterentwickelt bzw. die Datengrundlage für die dokumentierte Beschlussfassung erheblich optimiert werden.

Hierfür ist einem ersten Schritt die zentrale Datenerfassung in einem EDV-gestützten Managementsystem vorzunehmen. In diesem System sollten die unternehmensinternen und -externen Daten zur Generierung der Beschlussfassung erfasst und ausgewertet werden. Es sind insbesondere Daten für ein Rating der Kunden bzw. Auftraggeber sowie der Nachunternehmer als weitere Vertragspartner aufzunehmen. Auf Basis dieser Datengrundlage sind weitere Informationen aus den Teilprozessen des Projektneugeschäfts und der Projektabwicklung fortlaufend zu erfassen. Eine Datenauswertung sollte basierend auf der Projektstruktur erfolgen sowie Informationen von der Marktbeobachtung und Akquise der Ausschreibungsunterlagen bis zum Projektabschluss einschließlich Gewährleistung und eventueller Rechtsstreitigkeiten abbilden. Diese Datenmengen können nur automatisiert effektiv ausgewertet werden, trotzdem ist eine Fokussierung auf wesentliche Informationen bzw. Inhalte entscheidend, welche zunächst an den betrachteten Bestandteilen der Beschlussfassung orientiert sein kann.

In diesem Zusammenhang gilt es auch zu untersuchen, in welchem Maße Auswertungsmethoden mithilfe künstlicher Intelligenz sinnvoll eingesetzt werden können und welchen Einfluss diese auf eine rationale Entscheidungssituation nehmen. Auch hierbei müssen „*kognitive*" und „*motivationale Verzerrungen*" der Anwender berücksichtigt werden (Lermer und Volt 2019). Für einen sicheren Einsatz ist basierend auf den Forschungsergebnissen von *Lermer* und *Volt* (2019) eine geeignete Verifizierung für diese Ergebnisse zu entwickeln. Es ist zu untersuchen, ob diese Verifizierung die gesetzlichen Vorgaben zur Verantwortungsübernahme und Haftungsregelung der Geschäftsführung erfüllen und somit ein Einsatz dieser Methoden nicht als vorsätzliche Managementverfehlung bewertet werden kann (s. Abschn. 2.3).

Bei der Wahl eines geeigneten Konzepts und Programms für den Einsatz der künstlichen Intelligenz sollte sich im Sinne des Best Practice an eingesetzten Programmen in anderen Branchen orientiert werden. Ein Beispiel hierfür wurde mit der von BlackRock Inc. eingesetzten Anlage- und Risikomanagementplattform Aladdin bereits zu Beginn dieser Arbeit genannt (Coveyduc und Anderson 2020). In einem nächsten Schritt kann dann der Einfluss auf rationale Entscheidungsfindungen untersucht und in diesem Zusammenhang unternehmenskulturelle Aspekte für eine erfolgreiche Arbeit mit diesen Systemen definiert werden.

Aufgrund der bereits genannten Nachteile bzw. Gefahren, die vom Risikomanagement selbst ausgehen können, ist die Ausarbeitung eines kontinuierlichen Verbesserungsprozesses zur Weiterentwicklung der Systematik Anlass für weiteren Forschungsbedarf. Bei der Optimierung der Systematik sind die Perspektiven möglichst aller Anwender einzubeziehen und auf die interdisziplinäre Zusammenarbeit sämtlicher unternehmensinterner Fachgebiete zu setzen. Eine Weiterentwicklung des vorgestellten Konzepts allgemein benötigt idealerweise neben fachspezifischen Kompetenzen zur Bauwirtschaft auch praktische und theoretische Fachkompetenzen beispielsweise zur Arbeits- und Organisationspsychologie sowie speziell zur Kognitionspsychologie, Finanz- oder Versicherungswirtschaft und Ökonomie.

Zur Entwicklung eines geeigneten kontinuierlichen Verbesserungsprozesses ist eine Orientierung an dem Stand der Forschung und Praxis des Qualitätsmanagements sinnvoll, insbesondere am Total Quality Managements (umfassendes Qualitätsmanagement (Quality Services & Wissen GmbH 2022)), da in diesen Bereichen eine fortlaufende Optimierung von Prozessen und Managementsystemen bereits etabliert ist. Unter den Stichworten Management-Review und Benchmarking (Vergleich von Produkten, Dienstleistungen sowie Prozessen und Methoden zum jeweils besten Unternehmen (Wirtschaftslexikon Gabler 2022)) ist ein geeigneter Prozess zu entwickeln, der auch den Einsatz von interdisziplinären Denk- und Arbeitsweisen ermöglicht. Diese Vorgehensweise fördert durch den Einsatz von Analogien das Erkennen von Zusammenhängen zwischen den Prozessen fachfremder Branchen und kann damit Wettbewerbsvorteile erzielen.

Literatur

Coveyduc, J., Anderson, J. *Artificial Intelligence for Business: A Roadmap for Getting Started with AI*, 1. Auflage, Wiley, Hoboken, 2020

Deutsches Institut für Normung e. V. *DIN EN ISO 9001:2015–11 Qualitätsmanagementsysteme – Anforderungen*, Beuth Verlag, 2015

Gleißner, W. *Grundlagen des Risikomanagements im Unternehmen – Controlling, Unternehmensstrategie und wertorientiertes Management*, 2. Auflage, Verlag Franz Vahlen GmbH, München, 2011

Jansen, S. *Mergers & Acquisitions: Unternehmensakquisitionen und -kooperationen. Eine strategische, organisatorische und kapitalmarkttheoretische Einführung*, 6. Auflage, Springer Gabler, Wiesbaden, 2016

Lermer, E., Volt, J. *Modelle oder Experten – wer ist der bessere Risikoschätzer?*, Zeitschrift für das gesamte Kreditwesen, Heft Nr. 7, 2019

Mantke, L. *Kognitive Verzerrungen im strategischen Entscheidungsprozess*, Bachelorarbeit, Katholische Universität Eichstätt-Ingolstadt, 2017

Quality Services & Wissen GmbH *Best Practice Sharing Definition*, Lexikon der Quality Services & Wissen GmbH, https://www.quality.de/lexikon/, 28.08.2022

Quality Services & Wissen GmbH *TQM – Total-Quality-Management*, Lexikon der Quality Services & Wissen GmbH, https://www.quality.de/lexikon/, 05.09.2022

Wirtschaftslexikon Gabler https://wirtschaftslexikon.gabler.de/definition/benchmarking-29988, 05.09.2022